擘画绘景

天津市园林规划设计研究总院作品集

陈良 · 主编

天津大学出版社
TIANJIN UNIVERSITY PRESS

擘画绘景：天津市园林规划设计研究总院作品集

BOHUA HUIJING: TIANJINSHI YUANLIN GUIHUA SHEJI YANJIUZONGYUAN ZUOPINJI

版式设计　　刘玲

图书在版编目（CIP）数据

擘画绘景：天津市园林规划设计研究总院作品集 /
陈良主编 . -- 天津：天津大学出版社，2024.9.
ISBN 978-7-5618-7834-7

Ⅰ. TU986.2
中国国家版本馆 CIP 数据核字第 20247VG753 号

出版发行	天津大学出版社
地　　址	天津市卫津路 92 号天津大学内（邮编：300072）
电　　话	发行部：022-27403647
网　　址	publish.tju.edu.cn
印　　刷	北京华联印刷有限公司
经　　销	全国各地新华书店
开　　本	880mm×1230mm　1/16
印　　张	12.75
字　　数	280 千
版　　次	2024 年 9 月第 1 版
印　　次	2024 年 9 月第 1 次
定　　价	96.00 元

编委会

序一 |

　　建设美丽中国，是全面建设社会主义现代化国家的重要目标，也是满足人民日益增长的优美生态环境需要的必然要求。生态文明建设纳入中国特色社会主义事业总体布局，全行业牢固树立和践行"绿水青山就是金山银山"的理念，坚持山水林田湖草沙一体化保护和系统治理，美丽中国建设取得了历史性、全局性、转折性变化。天津市园林规划设计研究总院有限公司（以下简称"天津园林总院"）历经70年传承，以开放的视野整合国内外优质资源，致力于研发与原创，积极带动行业的发展，走在了行业前沿。本书是天津园林总院十余年来的风景园林规划设计研究和实践成果，内容涵盖了大尺度的专项规划，中尺度的综合公园、风景区，小尺度的道路景观、口袋公园和崭新类型的城市更新、公园城市项目，以及团队在雄安新区建设、京津冀协同发展等重大国家战略中的积极实践。一系列优秀的设计作品是天津园林总院为了推进美丽中国建设、提升文化自信，满足人民群众对美好生活的向往而开展的有益探索，体现出创作者对地域生态环境和自然资源的尊重利用，以及生态主导、学科交融的设计理念和手法，实现了人与自然的和谐共生。相信在未来的征途上，天津园林总院将秉承企业核心理念，借势美丽中国建设，通过精尖技术手段，呈现出更加优秀和独具特色的风景园林规划设计作品，为美丽国土的青山绿水做出更大贡献。

全国工程勘察设计大师　　刘旭锴

2024 年 9 月 25 日

序二

　　伴随我国经济社会发展和城镇化进程，风景园林行业积极响应转型与发展的号召，在保护城市生态环境、促进城市健康发展、增进人民福祉、挖掘和彰显优秀传统文化等方面始终发挥着重要的作用。党的二十届三中全会紧扣中国式现代化谋划部署了新一轮改革工作，聚焦提高人民生活品质、聚焦建设美丽中国，给风景园林行业未来一个阶段的发展指明新的方向和广阔前景，也为行业转型提出了新的任务，带来了重要启示。

　　天津园林总院在担当美丽中国、美丽天津建设大任的征途上，深度参与共建"一带一路"，积极投身于长三角地区一体化发展、长江经济带发展、黄河流域生态保护和高质量发展、京津冀协同发展、雄安新区建设等国家战略引导下的生态文明建设实践，打造了诸多高品质的生态景观作品，支撑城乡生产力布局，促进经济高质量发展。这部作品集集合了天津园林总院在全面落实天津市"十项行动"要求的过程中大力推进科技创新的最新成果。愿天津园林总院始终坚持以技术科研引领设计实践，以前沿科技力量推动市场拓展及业务提升，不断巩固和加强行业领先地位，以更高标准服务美丽中国建设和城市绿色低碳发展、为祖国各地的城乡高质量发展，人民的幸福生活，不断贡献专业力量。

全国工程勘察设计大师　　曹景

2024 年 9 月 25 日

目录

论文篇

天津园林高质量发展　　陈良 | 11

"以古为新"：探求公园更新中的文化发掘与表达　　杨一力 | 15

天津市临港人工岸线生态化修复技术策略研究　　毛莉 | 20

"九水连心"：基于 WID 导向的嘉兴城市滨水区景观设计实践　　刘美 | 30

"双碳"目标驱动的景观设计——以天津首个双碳公园规划设计为例　　宋宁宁　扈传佳　杨芳菲 | 37

城市特色风貌视角下的老城片区更新策略——以邹平市老城区为例　　李晓晓 | 41

生生不息的活力场——雄安新区蓝绿景观项目探析　　陈晓晔　刘美　崔丽 | 46

AI 辅助设计对传统景观设计工作流的影响　　王大任　宋宁宁 | 51

海绵城市在北方缺水地区的适应性与建设路径研究——以唐山市公园项目为例　　陈晓晔　魏莹 | 55

探索北方滨海盐碱地绿化的可持续实践　　周华春　陈楠 | 60

"全运会"大事件背景下的城市景观提升策略　　金文海 | 68

塑造景观灵魂：核心景观建筑在风景园林中的统领作用　　胡仲英　陈良　杨一力 | 71

探寻园林建筑的绿色审美——陶土板幕墙在外檐系统中的应用研究　　鲍德颖　尹伊君　扈传佳 | 77

传统古建木结构设计中的安全挑战：因素识别与解决方案　　宿军胜 | 84

项目篇

基于工业遗产保护利用的城市绿道设计探索——以天津绿道公园规划设计为例　　张旻昱 | 89

惬意社区游憩地·魅力水岸双碳园——记天津双碳公园低碳技术营造　　宋宁宁　杨芳菲 | 94

山东滨州北海明珠湿地公园——生态修复·候鸟归栖　　毕艳霞 | 97

从"山城共行"到"山城共荣"——记锦州市南山生态公园建设工程　　崔丽 | 101

农文旅融合发展项目规划设计探索——以枣庄市冠世榴园民族风情谷为例　　杨芳菲 | 105

公园式商业景观设计初探——以天津复地湖滨广场景观设计为例　　周华春　崔丽　王倩 | 109

城市复苏的绿色引擎——以天津八里台社区公园为例　　崔丽 | 112

京津冀生态圈东部森林湿地群的建造——天津市滨海新区与中心城区中间地带绿色生态屏障建设总体规划　吉训宏 | 115

新时代下的津派园林文化焕新——天津市水西公园景观规划设计　杨一力 | 118

荣归自然的都市运河——京杭大运河济宁段沿岸生态景观构建　吉训宏 | 122

半干旱地区水系生态治理的新实践——内蒙古鄂尔多斯阿布亥沟水生态治理工程　王珺　陈晓晔 | 126

自然绽放 韧性之河——滨州秦皇河公园景观设计（重构城市景观生态轴线）　孙文宇 | 130

海绵城市公园设计主题示范公园设计实践——唐山凤翔公园海绵提升改造　陈晓晔　魏莹　文蔷 | 134

"一带一路"本土景观——新疆乌鲁木齐道路景观规划　刘美　陈楠 | 138

江南水韵，百年经典——浙江省嘉兴市"九水连心"景观设计　刘美 | 142

构建自然公园网络，重塑城市新格局——天津植物园链专项规划　李晓晓 | 145

瞭望海的诗意——天津临港北部岸线生态修复工程　赵志伟 | 148

巧施雕琢·自然共感——天津迎宾馆景观提升设计　王雅鹏 | 152

城市更新背景下的滨水空间重塑——滏阳河文化带概念规划　李晓晓 | 156

共生系统的嬗变——宁夏银川动物园新建工程　赵志伟 | 160

伯乐故里、水韵新城——成武县东鱼河湿地公园景观工程　马玉芳 | 165

市井肌理的现代语境——2019年中国北京世界园艺博览会中华展园天津园景观设计　赵志伟 | 170

中国蓬莱东方海岸果谷（刘家沟镇）文化服务中心　王大任　郑梦溪 | 175

运河之帆——中新天津生态城蓟运河故道北延段服务建筑设计　扈传佳 | 177

低碳园林设计实践——低碳园林创意实践基地总体规划　冯一多 | 181

崔黄口镇电商产业园基础设施可行性研究特点分析　崔鸿飞 | 185

西藏昌都澜沧江–天津广场——基于在地文化融合的设计　周华春 | 188

锦州东湖公园——节约型绿地设计实践　杨芳菲 | 190

天津市绿地系统规划（2021—2035年）　| 192

天津与萨拉热窝友好城市共建项目　王大任 | 194

潍坊市人民公园　谷泓悦 | 195

安阳市东区公园　王威 | 197

天津市文化中心西区景观设计　冯一多 | 199

后记 | 201

论文篇

天津园林高质量发展 ▍

陈良

天津园林高质量发展是以习近平新时代中国特色社会主义思想，特别是习近平生态文明思想为指导，深入贯彻党的二十大和二十届二中全会精神，全面落实习近平总书记对天津重要讲话精神，牢记"四个善作善成"嘱托，立足超大城市特点，推进"大城三管"的全面实践。相关部门坚持人民至上，坚持绿色发展，坚持传承文化，坚持共建共享；严格落实天津城市总体规划，持续改善城乡人居环境，提升生态空间服务功能，释放绿色发展活力，增强人民群众获得感、幸福感；走天津特色的园林高质量发展之路，奋力推进社会主义现代化大都市建设。多年以来，天津市园林规划设计研究总院投身于天津园林建设，积极践行美丽天津生动实践，为天津园林高质量发展擘画绘景。

1 天津园林高质量发展的六大挑战

园林绿化高质量发展是城市可持续和繁荣发展的催化剂。进入新时代以来，天津不断改善城乡环境，开放空间品质和环境治理能力不断提高，但现阶段天津园林还面临一些挑战，我们将以问题为导向，实现天津园林高质量发展的总体目标。

①协同京津冀绿化资源，统筹布局，形成京津冀一体化绿色生态圈，提升京津冀区域协调发展新活力。

②建设用地总量接近饱和，用地结构不合理，绿地及休闲服务设施在数量和质量上不能均好地满足市民的需求。

③提高园林绿地精细化、智慧化管理水平，调动各方力量，构建全民参与机制，让城市管理更有温度，更加人性化。

④异常气候变化和超大城市人口规模对增强城市韧性、建设海绵城市、构建安全应急避难体系和防控外来入侵物种等都提出更高的要求。

⑤完善绿地资源权益交易制度，探索绿色金融实施路径。推动绿地资源资产化、可经营化，盘活公园资产，鼓励社会资本以提供服务、运营、宣传等多种方式参与公共绿地建设。

⑥突出规划引领，科学编制园林绿地专项规划和实施方案，强化园林绿地设计与片区控详规、城市设计、建筑与公共空间设计的组合与统筹，促进生产生活生态空间融合，融入天津在地文化，突出天津园林风格。

2 加强系统治理，夯实城市生态基底

近年来天津大力实施"871"重大生态工程建设，立足京津冀一体化绿色生态圈，统筹谋划，构建天津特色的自然保护地体系，加强重要物种

保护，推进生态网络与生态廊道建设。设立自然带、留野区等城市近自然空间。同时加强古树名木保护，强化种质资源保护和利用，培育新优树种，推动国家级种质资源库建设，绘就京津冀协同发展"人与自然和谐共生"的生动画卷。2016年《天津市湿地保护条例》出台，划定 880 km² 湿地自然保护区；从2018年开始，启动规划面积 736 km² 的双城之间绿色生态屏障试点建设，2019年全面铺开；2018年7月打响渤海综合治理攻坚战，解决天津 153 km² 海岸线面临的各种生态问题。

我院在"871"重大生态工程中担当作为，在双城之间绿色生态屏障园林绿化专项规划和实施方案中，完善绿隔地区空间布局，建设近自然城市森林，加强森林抚育和低效林改造，提高林分质量和碳汇能力，提升森林生态系统质量。目前绿色生态屏障已经基本成型，蓝绿空间占比超过65%，一级管控区内林地面积达到 19.11 万亩（约1.274 hm²），林木绿化覆盖率达到 26% 以上，"水丰、绿茂、成林、成片"的生态场景完整显现。在临港北部岸线生态修复项目中，我院设计团队立足长远、统筹谋划，打通海陆生态系统，生态修复岸线 13 km，推进山水林田湖海草等生态要素全面修复，让城市融入自然，为全面推进人与自然和谐共生的现代化天津建设提供支撑。

3 提升环境品质，建设宜人开放空间

公共绿地不仅为市民提供了休闲放松的绿色空间，还有效提升了周边区域的开发价值。多年以来，天津不断拓展城市绿化空间，提高"三绿"指标，营造布局均衡、功能丰富、特色明显的城乡绿地体系；构建蓝绿交织的生态绿网，持续推进林荫路建设；结合城市更新建设口袋公园、小微绿地，见缝插绿增彩提升城市绿量，因地制宜

推广立体绿化，引导城市第五立面绿化，建设宜人开放空间，提高城乡绿地服务品质。

从2007年开展迎奥运市容环境综合整治，到2017年全市迎全运市容环境综合整治，天津市园林规划设计研究总院作为牵头设计院，在历年的全市市容环境综合整治及七届夏季达沃斯氛围营造中担当重任，打造赛事场馆的景观礼仪形象，厚植多彩进津门户廊，提升机场、火车站等交通枢纽及其联络线的绿化景观环境，实施中心城区120条主干道和主要城市节点的市容环境综合整治。2022年我院编制完成"一环十一园"天津植物园链专项规划，该项目是继天津"871"重大生态工程之后又一全市重大生态建设工程，规划总面积达 52 km²。

按照世界眼光、国际标准、天津特色、高起点定位的要求，我院结合周边片区开发统筹城市风貌。天津植物园链是生态文明建设的成果，规划设计通过重大创新打造世界级城市品牌，同时也集成了全球领先的植物园技术。2023年至今，我院编制了天津市公园体系规划，从公园体检入手，构建5个方面16个维度的现状评估框架；通过级配分类体系细化，实现生态景观功能、生活服务功能、文化呈现功能和建管运营功能的提升；优化游园和口袋公园布局，完善5~10分钟的服务圈覆盖，提升公园分布的均好度，做到各类均衡；结合人口密度匹配公园布局，实现普惠的公园服务，做到各区均衡；排列公园商业项目机会清单，植入多元的场景模块，提出公园人均保障度、生态网络完整度、社会运营创新度等多项创新指标。

4 服务百姓生活，打造花园生活场景

多年来，我院遵循人民城市理念，优化城市公共空间，营造都市活力新场景；推进城市街区

无界开放，推进商业、文体等设施与绿地的融合，促进公园绿地与周边公共服务设施与商业设施连通，设施共享、功能融合；开放道路附属绿地，增设小型游憩空间和休闲设施，提升步行空间舒适度和连通性，营造有人情味的街巷客厅，增强"City Walk"城市漫游舒适度，持续提升城市街区的生活舒适度、便利性，打造"出门即感知"的街区画廊，构建公园、绿道及周边活力圈游憩体系。2024年天津将创建示范性美丽街区和精品绿地，营造津彩街区，我院积极推动开展"津上添花"系列活动，办好海棠花节、桃花节等津味特色节日，以花为媒做好植物主题的节庆"花样文章"。

2023年，我院设计完成的天津市河西区绿道公园打通了绿道堵点断点，拓展健步悦骑空间，整合城市慢行系统，营造集生态、大绿、低碳、慢行、休闲于一体的绿色廊道。在工作中，我院注重保护历史记忆，为场地注入新生，打开符合当下和未来的生活方式，将原先的"工业锈带"有机更新为"城市绣带"。我们在设计中最大限度地保留铁路遗存的在地元素和特征，用现代的语境和现代的建造工艺呈现出当代的城市生活，服务周边市民。设计结合了社区的全龄友好需求，增强周边社群和景观场所的黏性。在这里游客打卡、友邻深谈，南来北往的人被不同的内容吸引。绿道的场景和业态非常符合年轻人的审美和不同圈层人群的生活方式。绿道公园开放后深受市民喜爱，对周边城市更新和社区的升级起到了积极的促进作用。2024年我院着手天津公园资产盘活规划设计，并牵头开展天津百园百师行动。

5 挖掘历史文脉，彰显天津园林风格

天津地处九河下梢，三汇入海。码头文化、租界文化、乡沽文化并存，既各自发展又互依共生，相得益彰。混合的秩序维系着不同文化之间的平衡，呈现出独特的聚落特色，促使天津成为颇具多样性的城市。从被誉为清代三大私家园林之一的水西庄（约建于1723年），到中国最早的城市公园维多利亚公园（约建于1887年），天津园林一直映射混合共生的城市特征。在我院多年的本土项目实践中，几代设计师一直传承打磨"中西合璧、古今交融、大气洋气、清新靓丽"的天津园林风格。

天津水西公园占地140.57 hm^2，是我院近年来在天津市城市公园体系构建中的经典力作。在水西公园规划设计过程中，我们立足新时代生态建设理念，在尊重场地自然肌理的基础上，挖掘"古今交融、中西合璧"的城市文化内核，提炼了运河文化，融入租界文化独有的中西融合建筑风格，旨在构建天津最大规模的古典园林集中展示地，建设绿树掩映的津味文化聚集区，打造津派园林代表作。2019年中国北京世界园艺博览会中华展园天津园以天津"五大道"宽街窄巷的建筑风貌为蓝本，提取"绿色林荫中熟褐色砖墙掩映白色木构架"的景观语境，将五大道的静雅和市井的纷繁在4 200 m^2的空间里叠加，以天津卫之语言绘津沽腔调，呈现天津精致烟火气。我院承建的位于波斯尼亚和黑塞哥维那共和国的首都萨拉热窝的天津园，从天津文脉、天津园林、两市友谊三个维度进行了设计表达，园中标志性建筑"联谊亭"成为天津与萨拉热窝两市人民友好的象征。

6 聚焦科研创新，赋能天津园林发展

随着时代的发展，工程设计行业的发展逻辑逐步从项目资源驱动转变为科技创新驱动。近年来，我院加大科技创新及科研管理投入力度，

力促"产学研"融合，联合企业、高校和研究机构，广泛开展产教融合、校企合作、人才共育等活动，促进深度合作与资源的整合共享，提高创新研发能力，加快成果转化。近5年，我院完成科研课题35项，获各类省部级优秀设计奖项80余项；有发明和实用新型专利8项；主编、参编《天津市居住区绿地设计标准》（DB/T 29-156-2021）、《园林绿化工程施工及验收规范》等国标、地标多项，聚焦科研创新，赋能天津园林发展。

2016年我院投资建设天津低碳园林创意实践基地。该项目总占地面积51 000 m²，将低碳理论探索与设计建造实践检验相结合，加强对高碳汇乡土植物品种的运用和自生植被的利用和保护，推广抗逆性强、成本低、耗水低的园林植物应用。该项目注重回收利用绿色能源，科学进行雨洪管理并尽量降低对环境资源的破坏，成为可循环、可研究、可示范的低碳园林范本。天津低碳园林创意实践基地获得了"美国芝加哥最佳设计奖"。

近年来，我院推动数字化转型，通过引入人工智能（AI）技术提高设计和规划的精准性和效率：加大人工智能生成技术（AIGC）在景观设计中的应用研发，利用数据挖掘技术来分析用户需求和行为，指导设计方向和决策；利用机器学习算法来识别用户喜好和趋势，提供设计灵感和参考；通过分析大量的设计案例和数据，辅助设计师生成设计理念；通过优化算法和模拟仿真，帮助设计师快速生成和优化设计方案；利用遗传算法来优化设计参数，使得设计方案更加符合客户需求和环境要求。

7 结语

天津市园林规划设计研究总院秉承开放的视野，整合国内外优秀设计资源，致力于原创和研发，积极参与"一带一路"建设，同时为长三角地区一体化发展、长江经济带发展、黄河流域生态保护和高质量发展贡献力量。多年以来，我院一直投身于天津园林建设，努力把天津建成天蓝水清、花园环绕的生态之城，彰显文化自信与多元包容的魅力之城。天津市园林规划设计研究总院将不忘初心，砥砺前行，为天津园林高质量发展贡献自己的智慧和力量。

"以古为新"：探求公园更新中的文化发掘与表达

杨一力

随着社会进步和经济发展，任何一个公园都面临着物质性老化或功能性退化，逐渐变得"衰老"。近年来，更是随着公园更新、城市更新的概念迭代，老公园作为城市存量绿色空间，其更新问题成为公园体系建设中不能规避的话题。在更新过程中，设计师往往要面对老公园随时间积淀产生的多维度文化价值和外在形式中承载的丰富的市民情感。公园更新通常不能简单等同于景观改造、功能提升甚至拆除重建，需要探究经年累积的文化内涵和外在表现，在认知发掘的基础上完成具有时代性的审美设计和功能布局，在优化公园功能的同时保护城市文化与市民记忆。

1 时代话语背景中的公园改造

1.1 公园改造的时代释义

一般情况下，公园更新是指基于公园的实际情况，针对公园中现存的问题及矛盾，充分尊重公园已有特色，利用现有的空间结构、设施及植被资源，对公园进行维修、改造或扩建，以提供更好的功能、景观及生态环境。在当下城市更新的背景下，城市规划工作不仅需要丰富市民的生活业态，提高生活便利程度，同时还需要改善人和人、人和自然之间的关系。因此，为延展"公

园城市"的价值主张，公园改造更新中除了努力营造舒适健康的生活环境和优美靓丽的市容市貌，使公园重焕生机之外，也应发展凸显诗意栖居的美学价值和以文化人的人文价值。即坚持用美学观点加以审视，形成具有独特美学价值的公园空间新意象；通过构建多元文化场景和特色文化载体，在城市历史传承与嬗变中留下文化的鲜明烙印，以美育人、以文化人，形成更加具有吸引力和生命力的社会环境。

1.2 公园更新改造的多样维度

近年来，国内公园更新改造的实践，主要聚焦于公园更新中的"保护""生态"与"功能"问题。在"保护"维度，从遗产保护入手，研究历史公园更新的完整性与真实性、公园更新中的历史文化保护与传承；在"生态"维度，以可持续发展为目的，研究公园更新与生态平衡、动植物之间的联系，以及公园更新中的相关生态技术；在"功能"维度，从开放性视角，调查研究公园的开放边界、场地设计、功能转换、管理模式变化等问题。同时，近年来的公园更新改造除了凸显问题导向和技术实操外，也更加注重深厚的社会学关怀，将人与公园的关系作为主线。如近年来多位研究者深入探讨了 20 世纪 80 年代上海松江方塔园的

设计，从如何依托既有历史场景中赓续新旧精神和如何"与古为新"等多个维度做出了宝贵的、经典的、前瞻性的探索和尝试（图1）。

1.3 公园更新改造中的文化关联

在公园改造中借助空间的叙事性特征，对一系列有特定体验的空间进行序列组织，实现空间体验对人的情绪的调动。

（1）重拾失落的公园场所精神

城市公园是城市发展的见证。当代快节奏的社会生活造成了人际关系的疏离、个人与公共生活的脱节、场所文化的消解，使人很难在传统范式的公园中，感受精神的认同和情感共鸣。人与场地的文化联系十分薄弱或毫无关系。通过改造更新，应使公园成为时代场景下承载文化认同、价值观念、身份认同和归属感的精神家园。

（2）文化关联的形式表达

在诸多要素中，使场景与多维度文化高度关联，是改造更新中最富价值的提升。老公园结合场所的文脉、整合场地资源，将古韵的流转结合到现代的意匠中。设计中常常通过以下途径，对公园的文化积淀进行有机的更新。

①选择性提取消逝的文化元素。文化具有与时俱进的特性，在改造中既要考虑过去的文化元素与现实的结合，又不能脱离现实，从文化因素中选择适合场所的、有发展空间的、更能引起人们共鸣的部分，进行还原或再创造。

②保护与继承既有文化。处于独特历史发展时期的场所会保留一些具有历史意义或文化价值的景观元素，要完整地保留和延续这些元素。对损毁较大的部分进行适当的维修和养护，使其能够较好地保留原状，生动诉说时代流转。正像冯纪忠先生提到当年设计方塔园时说的"与古为新"，"'为'是'成为'，不是'为了'，为了新是不对的，它是很自然的……也就是说今的东西可以和古的东西在一起成为新的"。

③提升与更新优秀文化。对场所内有价值的文化元素采用现代景观手段加以创新与更新，在改造更新中将传统元素进行抽象与简化、拆分与重构，或对其形态、色彩、材质进行提取，与现代元素进行自然、合理的融合。如方塔园设计中的"堑道"空间（图2），既使空间转折收束，又形成了一个穿山而过的纪念性空间。"石砌的壁面有深深的缝隙，香樟林的树荫高低不一地挂落在堑道上，光影斑驳，远处便是古老的照壁和高耸的方塔。徜徉其中，万籁俱寂，时空在此沉淀，悠远绵长。"

图1 上海松江方塔园

图2 松江方塔园"堑道"

2 公园更新改造的设计实践和文化表达

在 2010 年前后，天津市先后对多个市级公园进行了集中性的改造，引起了广泛的关注。对比改革开放后城市建设的红火热闹场面，20 世纪后 50 年的园林建设则显得更为单纯与平和。这些凝聚着前人想象与创造的园林佳作，已经伴着岁月洗练成为经典，作为生动鲜活的教科书，启蒙了一代代入行从业的后来者；正是朴素的感激和依恋之情，让人们乐于为它们加上每个时代的不同印记，希望这些"老"园子借此永葆新鲜和生命力。面对这种"古意"与"新诗"的碰撞，如何保留公园资源和韵味，如何解答文化赋新与表达，特别是园内一些历经几十年、外相"老旧"的建筑、设施的去留问题，是公园更新改造中面对的挑战。

2003 年，天津市水上公园（图 3）改造规划设计，主要在保存遗韵、延续文化和完善生态等方面进行了有益的尝试。水上公园建于 1950 年，其中水面面积 89.26 万 m²，是一所名副其实的"水上"公园。长期以来，水上公园作为市内最大的综合性公园，在天津园林中独享盛名，在国内也小有名气，20 世纪 80 年代更以"龙潭浮翠"入选"津门十景"。而近些年来，社会环境变化、市民生活习惯转变，与公园一成不变的游览模式和日渐陈旧的园容景观形成巨大落差，水上公园逐渐黯然失色。分析现状要素可以看出：三期改造涉及的二岛、三岛和荷花池位于公园的中心区域，由于在建园设计时运用了较为传统的造园意匠，因此留下了大量影壁、亭廊、曲桥等建筑形式。这种颇具"古意"的立地条件，使得摆在设计师面前的首要问题就是：公园复兴需要什么样的改造？我们认为：传统的设计表现形式并不是公园失去吸引力的主要原因，对它的改造必须是继承性的，而不是简单的推倒重来。公园改造应着力营造与生活节奏和习惯相适应的"人－景－人"关系，尊重行为方式的变化，变泛泛的游玩为深层的欣赏和体味，加强游人对景观的参与，使"人与景"的联系更为紧密。即"古意"不是不要，而是要在保护的基础上予以充分挖掘。

改造规划围绕"保存遗韵、延续文化和完善生态"的设计线索而展开。在天津，提起公园，大多数人第一个想起的就是水上公园。50 年代的人会记起神秘的"青龙潭"，60 年代的人会忆起当年的挖湖取土，70、80 年代的人会怀念碧波庄的湖水和轰轰作响的"小火车"（图4）。人们寄情于景，保护了人文韵味，也就延续了公园的根本，因此首先要对公园的内在精神进

图 3 天津水上公园眺远亭

图 4 水上公园的时代印记

图5 旧时书报对青龙潭的记述

图6 《北洋画报》刊记老照片

行保护规划。设计之初我们以"反规划"的手段，在改造区域内确定需严格保护的标志景观，并保持新设计与既有景观的整体联系，以达到连续历史、延续"人地"关系的目的。三岛上的眺远亭建于70年代，是天津人心目中的城市标志之一。这类比较成熟的既成景观，虽然不时髦、不新奇，却代表了人们在一个时期的共同审美情趣，是历史延续和文化体现的重要方面。

通过对图档资料和口述历史充分的挖掘和梳理，我们得知水上公园这片地方被称为"青龙潭"的历史最早可以追溯到民国初年。当时随着租界扩充，城区扩大，大兴土木，人们发现南郊青龙潭这块弃壤荒地距离城区不远，是取土制砖的首选之地。制砖取土挖地深达十多米，使得这里坑洼相连，星罗棋布，其中最大最深的一处窑坑被称为"青龙潭"。诸多大小渊潭形成了"三分芦花七分水"，形成"芦苇茂盛，水禽栖息，候鸟翱翔，自然天成，野趣横生"的景象。关于青龙潭的传说，在地方史志中可觅其踪影（图5）。明清时期的《天津卫志》中记载："出龙河，在城南，去城20余里，传说曾有龙出于此。"

民间广有行船者在天气阴晦、暮色低垂之际，于此处曾见青龙时隐时现的神奇传说。1931年7月《北洋画报》（图6）曾刊出著名报人吴秋尘撰文《青龙潭》："临近南开大学有个'南大坑'，乡民于水湾中筑小岛，设席棚饮茶，茶棚外高挑大幡，书写'青龙潭'。"人们到这里游玩，需要乘船而来。"行进其间，芦苇回环，水路曲折，树丛掩映，别有一番趣味，宛若世外桃源。"青龙潭的由来既有传说色彩，又寄托了人们对于自然的赞美与敬畏。

在此史料基础上，改造更新如何在传统中创新意、形成意象和禅机的点睛式设计，成为联结建筑遗存和"水上"主旨的关键一笔，期待能让人们在与环境的互动中得到精神享受，使景观空间新老融合、相得益彰。水上公园三岛的文化"赋新"工作紧扣了场地"青龙潭"的主题，将场所性格和场所空间相结合。三岛四面环水，而以眺远亭雄踞中央，居高临下。要做好这道"水"的题目，最好的答案是结合眺远亭的保护工作，堆山叠石，利用现有地势，向东开挖水系，形成泉、瀑、溪、潭、岛的整体，最后汇入东湖。从某种

图 7 泉潭溪瀑的完整水景 　　　　　　　图 8 人与水景的交感互动

意义上讲，场地所蕴含的场所精神（即叠水溪流的格局）已经预设好了，设计工作是显现场所精神，以创造一个联系古今、有意义的场所。考虑到多数游人的欣赏习惯，在设计的细节中增加石刻雕塑、叠泉（图7）等标签式景观加以点题，唤起人们对"青龙潭"以及"水上"由来的种种历史记忆。从建成效果来看，三岛水体在改造后更贴近游人（图8），成了可触摸、可对话的精神载体。因此，设计不仅要形成一处景观，还应当实现人与外在环境的交感互动，促成独具性格和氛围的空间场所。

改造赋新的另一项重要工作是完善生态，使绿色空间同时满足文化赓续与社会功能的需求。由于历史条件的限制，改造区域树种单调（以杨柳、国槐等植物为主），景观乏味（少有植物群落的营造和景观配置），缺少园林空间所应有的植物景观。规划首先通过补充树种、调整植物分区，达到满足绿量、合理布局的控制目的。其次借场地条件，重点规划水生植物区，营建水生生态群落。种植设计源于"亲水、亲近自然"的主题，采用亲水的自然式驳岸，在岸边绿地适当配置一些呈现效果好的观赏植物和花卉，由高到低，由陆至水，从不同观赏角度使水、岸、绿融为一体。选择荷花、睡莲、千屈菜、水葱、鸢尾类、水生美人蕉、凤眼莲、大薸、花叶芦竹等九种水生植物，并引入水上"浮岛"，摆放应季花卉，不仅完善生态，围绕人的活动布局了理想的生境空间，还通过公园植物文化的提升与更新，充分呼应了公园的"水上"意韵，实现了文化关联。

对于所有的创作领域来讲，"一张白纸好作画"是人们的普遍认知，而公园改造项目往往具有一定的难度，设计师不可一味地追求时髦、现代的形式，也不能照搬继承。融合新旧景观，深刻挖掘既有场地线索和文化关联，使场所蕴含的精神内容得以揭示和彰显，是公园改造更新的重要途径之一。而以文化人，因借"古意"，将新老公园的"新诗"写美、写好，使宝贵的存量公园空间为城市更新提供更高的价值，是公园更新改造设计师的重要责任。

天津市临港人工岸线生态化修复技术策略研究

毛莉

1 研究背景及研究区域概况

1.1 研究背景

在改造利用海洋的过程中，围填海始终备受关注。一方面，围填海能缓解陆地用地紧张、拓展城市发展空间，在我国经济社会发展中功不可没；另一方面，它也不可避免地给海洋生态环境带来一些影响。为了减轻围填海对环境的负面影响，国家海洋局多年来陆续出台了多项政策措施。天津市为全面落实中共中央、国务院关于生态文明建设和海洋强国建设的决策部署，切实加强和规范海洋管理，结合天津市海洋管理工作实际，先后制定了《天津市海洋生态环境保护实施方案》和《天津市贯彻落实国家海洋督察反馈意见整改方案》。2019 年天津市发布了《天津市"蓝色海湾"整治修复规划（海岸线保护与利用规划）（2019—2035）》，有序开展各项岸线整治和生态修复工作。

1.2 区域概况

本文的研究对象天津临港经济区是通过围海造地而形成的港口与工业一体化产业区，隶属于天津港保税区。天津港保税区围填海面积约12 933 hm²（图1），占用自然岸线 13 km，围填海后形成人工岸线约 76.2 km。围填海工程对周边区域水文动力环境（图2）、地形地貌与冲淤环境、

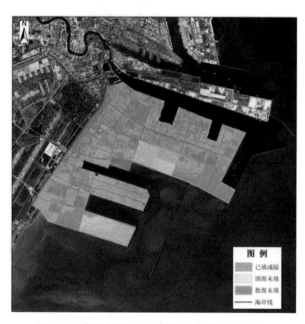

图 1 天津港保税区围填海完成情况示意图

海水水质和沉积物环境、海洋生物生态、生态敏感目标等产生了一定的影响。据统计，天津港保税区规划围填海造成潮间带、底栖生物损失量为46 953.672 t，鱼卵和仔鱼损失量为 6 233.8 万尾，浮游生物损失量为 1 860.9 t，经计算，海洋生物资源 20 年的损失价值为 55 978.822 万元；围填海的生态系统服务功能价值损失总计每年达到 3 702.68万元（图3~图5）。

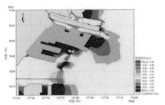 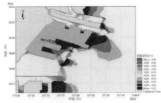 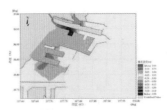

涨潮急时刻流速大小变化图　　落潮急时刻流速大小变化图　　附近海域大潮期潮差变化图

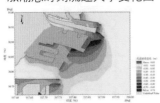 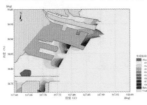 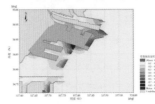

平均有效波高变化值　　　　平均有效波高变化值　　　　平均有效波高变化值
（NNW向六级风）　　　　　　（E向六级风）　　　　　　　（ENE向六级风）

图 2 围填海生态评估水文动力环境评估

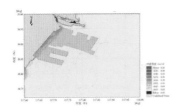 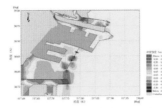 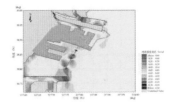

填海前周边海域冲淤环境　　填海后周边海域冲淤环境　　填海前后周边海域冲淤环境变化

图 3 围填海生态评估地形地貌冲淤评估

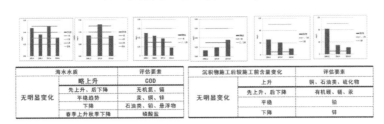

图 4 围填海生态评估海水水质及沉积物评估

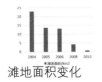 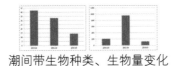 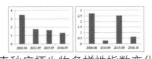

滩地面积变化　　　　潮间带生物种类、生物量变化　　春秋底栖生物多样性指数变化

时间	样品数量和类别	分析要素	超标情况
2008年7月	四角蛤、毛蚶	石油烃、铅、锌、镉、总铬、砷及总汞残留量	重金属铅残留量超过 I 类生物质量标准，但符合 II 类生物质量标准
2015年5月	四角蛤、毛蚶		均未超标
2015年7月	脉红螺、隆线强蟹	铜、铅、锌、镉、总铬、砷、汞和石油烃	6个站位的脉红螺体内铅、镉及铬超《海洋生物质量》（GB18421-2001）一类标准值
2015年9月	虾虎鱼、口虾蛄、短蛸		均未超标
2015年12月	钟馗虾虎鱼、矛尾复鰕虎鱼、鲛鱼、长蛸		有3个站位的矛尾复鰕虎鱼和1个站位的鲛鱼体内镉超标
2016年5月		重金属（Cu、Pb、Cd、Zn、Hg、As）及石油烃	无
2016年10月	鱼类、甲壳类、软体类		甲壳类镉最大值超标；软体类石油烃最大值超标

图 5 围填海生态评估海洋生物评估

2 人工岸线生态化修复的内涵与技术路径

围填海是指筑堤围割海域并最终填成陆域的工程。人工岸线是指由填海造地、围海和构筑物等三类永久性工程形成的岸线。人工岸线生态化建设是指利用数值模拟方法，对围填海形成的人工海岸带空间进行综合治理，修复受损岸线生态群落，形成新的海岸带生态系统。

本文综合研究了生态文明背景下天津临港人工岸线生态化修复理论技术，以问题为导向，制定围填海人工岸线生态化修复技术路径（图6），探索近自然生态工法在人工岸线生态化修复领域的运用，并以天津港保税区（临港区域）中港池北部岸线二期工程为例，重点阐述了临港人工岸线生态化修复的策略，以期为天津市海岸线科学合理的开发与建设提供实际指导。

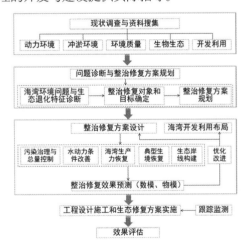

图6 围填海人工岸线生态化修复技术路径

3 天津港保税区临港区与人工岸线面临的生态问题

3.1 岸线防御能力弱

天津市现状海堤设计标准多为20~50年一遇，随着经济社会发展、海堤防护对象变化，规划海堤防潮标准提高为100~200年一遇，而现状海堤达标段较少，如遇极端天气，则存在安全隐患。天津港保税区临港区域现已建岸线为临时构筑物，尚未达到相应防潮标准，且现有围堰结构形式为斜坡式结构，堤心为大型充沙袋或建筑碎料，堤顶高程约为6 m，护面块体为栅栏板。实地调查发现，部分岸线栅栏板护面破损，防护能力受到影响，防护等级低。

3.2 岸线生态功能缺失

天津地处东亚-澳大利亚候鸟迁徙重要通道，是候鸟迁徙路线上的重要中转站。围填海工程占用滨海湿地，原淤泥质海岸所形成的大面积湿地的生态系统服务功能丧失，鸟类、鱼类及底栖生物的繁殖场所遭到破坏，近岸水鸟类栖息场所几近消失。本项目所在现状围堤已随区域整体填海成陆，所形成的人工岸线坡面硬化、潮间带狭窄，后方陆域植被覆盖率低并且物种单一，生态功能薄弱。

3.3 海洋生物资源损失

围填海工程占用了浅海水域，用海性质发生改变，浅海变为陆地，造成栖息于此的大量底栖生物死亡。以填海造地影响期限20年计算，共计损失潮间带生物4 336.592 t，底栖生物41 617.276 t，游泳生物1 860.9 t。围填海范围内的鱼卵、仔稚鱼以及浮游动植物等运动能力弱的生物也随之消失。此外，围填海施工期间污染物扩散也对邻近海域的海洋生物产生一定影响。

3.4 水体交换能力不足

天津港保税区临港北区南侧中部8 km² 区域属于围而未填区域，现仍为海域，围合区域南部外围堤有 1 处围堰，内部有 2 处围堰，使得项目区域海域与外海阻隔，仅通过南部外围堤 1 处开口与外海相通。经过数值模拟分析，该部分海域进行水体交换能力较差，建议对该部分海域进行水动力修复，使该部分海域与周边海域相连通，改善其水动力环境。

4 临港人工岸线生态化修复技术策略

临港人工岸线生态化修复实际上通过实施海岸带防护工程生态化建设，促进海岸带生态功能的修复和恢复，建设海岸带生态与减灾协同增效的综合防护体系。本研究坚持"以自然修复为主、人工修复为辅"，探索近自然生态工法在人工岸线生态化修复领域的运用，提出临港人工岸线生态化修复技术策略，以天津港保税区（临港区域）中港池北部岸线二期工程为实践案例，来阐述临港人工岸线生态化修复技术策略，为理论技术提供实践支撑。

天津港保税区（临港区域）中港池北部岸线二期工程研究区域西起渤海 18 路、东至渤海 50 路东侧防波堤，修复岸线长度 13 km，用地规模约 193.5 hm² （图 7）。

本工程以习近平生态文明思想为指引，紧扣上位规划，结合临港片区产业示范区的定位，统筹海岸风貌，把临港 13 km 由围填海而形成的人工岸线转变为生态岸线，突出堤前带的生态性，堤身带的安全性，堤后带的去人工化、留朴、留琢。工程遵循节约、减量、原生态设计理念，推进临港片区高质量发展。

4.1 人工岸线生态化修复的原则

自然化：最大限度地去人工化，尊重海岸的自然属性。

有限性：避免过度的设计与修复，为未来留白。

安全性：满足 200 年防潮、100 年防浪的建设标准，保障堤防的稳定性与沉降安全，同时注重公共空间的安全，包括人群亲海安全及海洋防灾避险等。

节约性：保留和利用现状岸线资源，践行"双碳"目标，贯彻落实节水、节电、节能理念。

4.2 空间结构

设计意在基于对临港区域的整体功能定位、

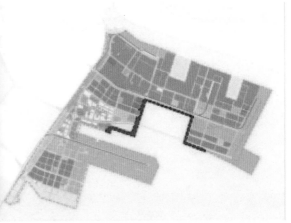

图 7 天津港保税区（临港区域）中港池北部岸线二期工程区位

场地现状及防灾减灾能力的总体认知，实现人工岸线的生态化改造，构建集自然、有限、安全、节约于一体的弹性海岸系统；以"三重防护、生态海堤"为总体框架；以构建具有生长弹性的多重防护体系为重要目标，形成"堤前带""堤身带""堤后带"三个空间层次（图8）。

"三重防护、生态海堤"（图9）策略具体如下。

第一重：堤前带，即堤前空间，一个外部生态防护系统。

第二重：堤身带，即海堤主体，堤岸防御的核心。

第三重：堤后带，即堤后绿地，按照海绵城市原则形成生态绿地。

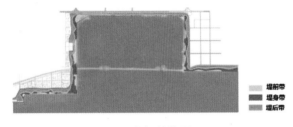

图8 空间结构图

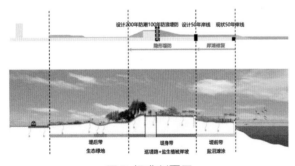

图9 标准剖面图

4.3 技术策略

本工程依据《海岸带生态减灾修复技术导则》，因地制宜运用近自然生态工法展开生态修复。采用的生态修复技术主要包括生态海堤、岸滩修复技术、地貌修复及植被修复技术、生物资源恢复技术、河海连通技术、水动力恢复技术、监管监测等内容。

4.3.1 生态海堤

区别于自然岸线具有的柔性防护及生态功能，沿海堤防工程构成的人工海岸，往往割裂了海陆生态系统的完整性，形成海陆交界处生态的灰色禁区。本工程设计应用系统学原理，将海堤设计为海陆生态系统的近自然过渡带和立体生态空间，构建了海岸带蓝绿生态屏障。

本工程生态海堤设计采用多级复式生态化海堤（图10），设计第一级岸线可抵抗50年重现期潮水，第二级满足"200年防潮+100年防浪"标准。本工程通过岸线后退来增加潮间带宽度，并合理降低堤防高程。新建堤防迎水面以及背水面塑造植被岸坡，将堤防结构隐藏于景观体系内，设计隐形防浪堤。

工程选择高孔隙率护面材料，例如天然块石、扭王字块和扭工字块体等材料（图11）。块体及块石均采用缓坡入海，并且可达到40%以上的孔隙率，为潮间带生物栖息提供场所。同时在波浪较小的区域采用蜂巢格式护面，其作为新型护面技术

图10 多级复式海堤典型断面图

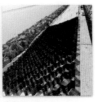

图 11 工程护面材料选择

（左一扭工字块、左二天然块石、右一蜂巢格式）

措施在天津海岸线地区初次实验，为今后天津人工岸线生态化修复提供实践经验。

4.3.2 岸滩修复技术

本工程充分考虑项目区地形地貌、地质、水动力条件，通过对现有海堤周边环境、底质生境及泥沙特征的研究，实施岸滩修复工程。拆除部分原护岸挡墙，并改造为潜堤；在后方陆域新建海堤，使得大潮时新旧海堤之间可被淹没，通过在此区域塑造泥质光滩、盐生植被滩地、卵石滩地等仿自然滩地，形成一道堤前生态缓冲带。通过岸滩修复方法，恢复堤前岸滩宽度和水域面积，在实现消减波浪功能的同时为底栖生物提供了良好的栖息觅食环境（图12）。

4.3.3 地貌修复及植被修复技术

本工程通过在海岸带区域采取植被修复措施，增强植被削浪固滩的作用；防止岸滩侵蚀、增强

图 12 岸滩修复工程效果图

（左上泥质光滩、右上盐生植被岸坡、左下盐沼滩地、右下卵石滩地）

堤身的安全性，同时在背海一侧营造与当地环境相适应的生态景观带。因此，以《海岸带生态减灾修复技术导则》为依据，植被修复重点实施范围为海岸带后滨区域，包括堤前带、堤身带迎海坡、堤身带背海坡以及堤后带，修复宽度约200 m。

堤前带区域为大潮时可淹没区域，以芦苇、盐地碱蓬为先锋物种，同时运用二色补血草、獐毛等本地物种，在堤前带区域形成浅海水域－裸滩－盐地碱蓬群落－盐地碱蓬芦苇群落－芦苇群落的自然景观格局。

堤身带迎海坡为极端天气可上水区域，植被修复符合天津海岸带地带性植被群落特征，以灌草结合的方式进行植被覆盖，塑造盐生灌草群落，植被覆盖率≥50%。植物品种选用本土耐盐碱及盐生植物，如柽柳属、碱蓬属、藜属、补血草属、结缕草、狗牙根、獐毛等，保证植被成活率≥80%。

由于生态海堤建设地形加高，故对堤身带背海坡进行植被修复，采用客土排盐技术，塑造以乔灌草复层群落的海岸生态林，植被覆盖率≥70%。

堤后带为具有一定的陆向辐射宽度的堤后生态空间，通过地貌修复后清除入侵物种、进行土壤改良，从本土盐生植被中筛选适宜的先锋植物，尊重植被自然生长、自然演替规律，逐步构建堤后稳定的植被生态体系。

植物材料选择（图13、图14）符合天津海岸带地带性特征、生态演替及生态位原理，根据土壤盐碱化程度，选择适应性植物品种，同时注重本地典型植被群落的恢复。

4.3.4 生物资源恢复技术

本工程在临近海域通过人工增殖放流措施，补偿因围填海占据生物原有栖息地而造成的生物资源损失，恢复围填海区的生物多样性和生物资源生产力，促进受损海域环境的生物结构完善和生

态平衡，实现项目海域海洋生物资源的逐年恢复。

参照《水生生物增殖放流技术规程》（SC/T 9401-2010），从物种选择、苗种规格、放流量、放流时间及地点等多个方面对计划开展的增殖放流方案进行了广泛调研，确保方案的科学合理，以实现增殖放流效果的最大化。具体实施计划如下。

（1）潮下带生物补偿

放流规模：计划每年放流中国对虾、三疣梭子蟹、半滑舌鳎、牙鲆、毛蚶和梭鱼各类苗种共计1 390万只（尾、粒）（表1）。

放流时间和地点：在5月上旬至6月下旬之间进行。放流地点设在北区东部邻近海域。

表1 增值放流实施规模

品种	规格	数量
中国对虾	≥ 0.8 cm	1 250 万尾
三疣梭子蟹	Ⅱ期幼蟹	125 万只
半滑舌鳎	≥ 5.0 cm	2.5 万尾
牙鲆	≥ 5.0 cm	2.5 万尾
毛蚶	≥ 0.5 cm	5 万尾
梭鱼	≥ 5.0 cm	5 万尾

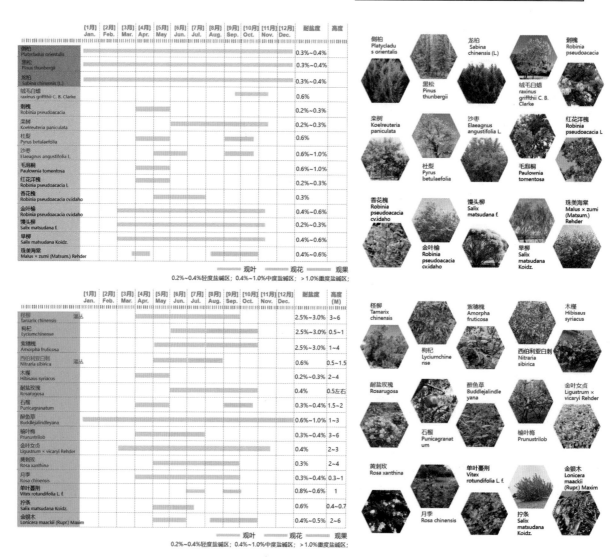

图13 乔木及灌木植物品种选择

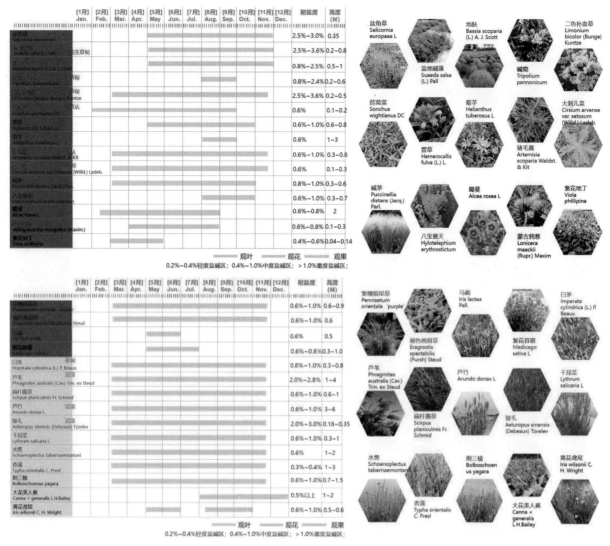

图 14 草本及水生植物品种选择

（2）潮间带生物补偿

在堤前滩地区域，以滨海湿地鸟类，例如反嘴鹬、黑翅长脚鹬、泽鹬、尖尾滨鹬、青脚鹬、黑（红）腹滨鹬等鸻鹬类为目标物种，在滩地定期投放梭鱼、毛虾、斑尾复鰕虎鱼、毛蚶、牡蛎、扇贝、红螺、蝲蛄、四角蛤蜊、青蛤、菲律宾蛤仔等底栖生物（图15），为滨海湿地鸟类提供食物，逐步形成完整、稳定的食物链生态系统。

4.3.5 河海连通技术

本工程利用北堤现状两个废旧钢箱筒，新建和铺设管道，将长江道北侧河流淡水引至西北角滩地，对滩地提供淡水补充，也可作为鱼类洄游的通道。同时在连通管道内设置单向阀，避免港池内涨潮造成海水倒灌（图16）。

4.3.6 水动力恢复技术

临港北区南侧中部8 km²区域现仍为海域，属围而未填区域。围合区域南部外围堤（南堤）有1处围堰，内部有2处围堰（隔堤），根据水工数模、物模实验论证，南堤新建两个可控的闸口（图17），并拆除内部隔堤用于水体交换，西闸口涨

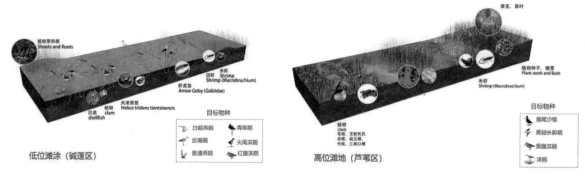

图 15 潮间带生物补偿技术

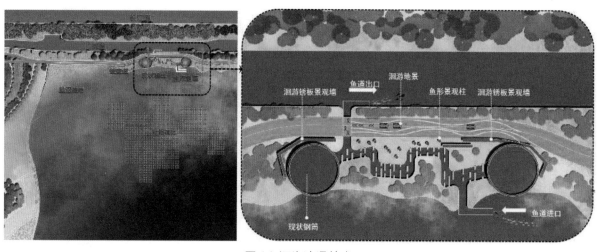

图 16 河海连通技术

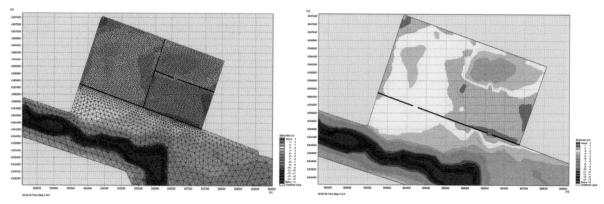

图 17 南堤开口方案
左评估区域海堤位置示意图、右南堤闸口开合方案

开落闭,东闸口涨闭落开,且南堤闸口控制堤内最高水位 4.3 m,可对该部分海域进行水动力修复,使该部分海域与周边海域相连通,改善其水动力环境。据物模数据分析,在该方案下可实现纳潮量 1 100 余万 m³,南堤内大部分区域半交换时间小于 1 天,东北部区域半交换时间小于 7 天,可

较好地实现水体交换功能。

4.3.7 监管检测

为保证项目实施效果并实现实时监测，在海域建设多套生态修复观测系统（图18，表2），包括：海洋生态在线监测浮标系统、岸基站监测系统、视频监控、智能鸟类视频观测系统、鸟类智能识别系统。建立、完善临港岸线生态服务功能评价及生态修复技术体系，对今后天津科学指导海堤生态化建设以及"蓝色海湾"修复整治工程，具有一定的参考意义。

表2 跟踪监测和效果评估指标

序号	监测指标		监测频次	检测方式	参考标准
1	水动力监测	潮位	施工前和施工后2个观测时段内大小潮各监测1次，共4次	现场监测、船舶采样及实验室分析	GB/T 14914
		海流			GB/T 12763.2—2007
		悬沙			GB/T 12763.4—2007
2	海洋生态环境监测	海水水质 悬浮物	施工前、中、后各监测1次，共3次		GB/T12763.4—2007
		pH			
		盐度			
		溶解氧			
		化学需氧量			
		亚硝酸盐			
		硝酸盐			
		铵盐			
		活性磷酸盐			
4		海洋沉积物 粒度			GB/T 12763.8—2007
		有机碳			GB 17378.5—2007
		硫化物			
5		海洋生物生态 叶绿素a			GB 17378.7—2007
		浮游植物			
		浅水Ⅰ型浮游动物			
		浅水Ⅱ型浮游动物			
		底栖生物			
		潮间带生物			
6	植被监测	堤前、堤身和堤后植被种类、面积、分布、成活率等	施工前、中、后各监测1次，共3次		HY/T 080—2005 HY/T 147.7—2013
7	鸟类监测	种类、数量、分布等	鸟类繁殖期、越冬期、迁徙期各监测1次，共3次		HY/T 080—2005
8	岸线清整状况监测	垃圾种类、数量	施工前、中、后各监测1次，共3次		—

图18 监测和效果评估指标及监测站布置图

5 结语

人工岸线生态化修复涉及多个专业领域，本文主要是从"生态减灾、协同增效"的角度研究临港人工海岸生态化修复，旨在全面提升人工岸线的防潮防浪功能以及生态服务功能。根据生态学相关理论，岸线生态修复需要以自然化、有限性、安全性、节约型为原则，因地制宜，从堤前带、堤身带、堤后带三个空间层次，运用生态海堤、岸滩修复、土壤及植被修复、生物生态补偿、河海连通、水动力修复等技术措施，构建人与自然和谐的海洋生态景观，提升人工海岸生态效应及景观效应，为天津市人工海岸生态化建设提供参考。

"九水连心"：基于 WID 导向的嘉兴城市滨水区景观设计实践

刘美

1 研究背景

1.1 背景

我国的城市发展已经进入了新型城镇化阶段，即强调以人为本、绿色发展、调整产业结构和空间布局，优化城市规模结构、创新驱动、共享发展、深化改革的阶段。目标是实现城市可持续发展，提高城市居民生活质量，构建和谐宜居的人居环境，让各族人民群众有更多获得感、幸福感、安全感，构建人与自然和谐共生的现代化城市。

1.2 滨水景观与城市发展的关系

滨水空间建设与城市发展关系密切。统计数据显示，全球范围内有超过 80% 的大中型城市选择从滨水或河道建设入手，以推动城市的整体发展。这些城市通过合理规划和有效利用滨水空间，不仅提升了城市的整体形象，还极大地改善了市民的生活质量。

滨水空间是城市生态系统的重要组成部分，是城市文化的重要载体，还是城市经济发展的重要驱动力。滨水空间的建设，使得城市在拥有优美自然景观的同时，也具备了更好的生态环境和更完善的公共服务设施。因此，高质量的现代化城市应当充分利用和开发其水资源，包括河流、湖泊等，以实现"精细化"和"人性化"的城市管理，提升规划设计品质，推进城市的可持续发展。通过合理规划、有效开发和科学运营滨水空间，可以推动城市的全面发展，提升城市的竞争力和吸引力。滨水空间是城市发展的重要组成部分，更是实现城市可持续发展、提高城市品质和人居环境的关键环节。

2 WID 理论与开发模式

2.1 WID 理论

WID（Waterfront Initiating Development）理论，是针对城市滨水区的开发提出的理论框架。它强调利用城市靠近水体的地理优势，将对滨水区特色空间格局的精心规划与打造作为催化剂，促进城市的可持续发展。具体来说，WID 理论包含以下几个关键点。

①生态服务功能强化：通过复合水环境治理措施，恢复并增强水资源的生态服务功能，例如净化水质、维持生物多样性等，同时丰富景观类型的多样性。

②城市空间整合：发挥滨水区独特的空间魅力，完善商业、文化及公共服务功能，推动土地

开发，从而整合现有的城市空间结构。

③提供足够发展空间：创造出适宜的水边活动环境，为城市滨水地区的发展提供充足的物理空间和项目投资条件，吸引访客和居民，提高地区的活力。

④可持续发展导向：WID模式不仅注重经济发展，还考虑社会和环境的可持续性，旨在达成经济、社区和生态三者之间的平衡。

WID理论的核心在于综合利用城市滨水区的自然资源和地理优势，通过有策略的开发与规划，形成一种既能促进经济增长又可维护生态平衡的城市发展新模式。这种模式对于提升城市的生活质量、保护环境资源及推动可持续发展具有重要的现实意义和长远价值。

2.2 WID 开发模式

WID开发模式是一种以滨水区空间推动城市发展的模式，它强调将滨水区空间的规划与建设、土地开发与周边交通、绿地系统等各类城市用地规划相结合，以优化城市整体结构并引导城市发展。该模式旨在通过精心打造滨水区的特色空间格局，促进城市的可持续发展。

在WID开发模式下，滨水区的开发不仅关注经济效益的提升，还注重生态环境的保护和恢复，以及社会价值的挖掘和传承。它强调在保护水体生态服务功能的同时，丰富滨水区的景观类型，提升地区的吸引力和活力。

此外，WID开发模式还注重土地开发的策略性安排，通过完善商业、文化及公共服务功能，推动土地的有效利用和价值的最大化。同时，它强调与周边交通系统的协调与衔接，提升滨水区的可达性和便利性，进一步促进地区的发展。

总的来说，WID开发模式是一种综合考虑经济、生态、文化和社会等多方面因素的滨水区开发模式，旨在实现城市的可持续发展和滨水区的长期繁荣。通过科学规划和有序开发，WID模式有助于提升城市品质、优化城市空间结构，并为居民和游客创造更加宜居、宜游、宜业的美好环境。

3 以 WID 为导向的城市滨水区发展

在WID导向下，城市滨水区的建设与发展将解决城市生态、文化、服务、经济等多元化的发展需求，它从国土空间及战略层面为城市带来合理的功能布局及蓝绿空间架构，为城市发展提供有效的基础，以便更好地解决在新型城镇化阶段中生态环境遭受的破坏问题，恢复城市生态系统的自我调节功能，提升整个生态系统的健康水平；改善城市公共服务，优化市政基础设施，提升服务质量，挖掘和保护城市的历史文化及社会网络，满足市民的基本生活需求，增强城市的吸引力和竞争力；改造低效用地，挖掘存量土地潜力，促进建设空间的优化布局与发展用地的有效保障，提升城市的土地利用效率，实现可持续发展；帮助资源枯竭型城市实现经济和社会结构的转型；改善居住环境，提升公共服务水平，营造和谐的社会氛围等，提升居民的生活质量和幸福感；增强城市的凝聚力和向心力，实现城市的可持续发展和人民的美好生活愿景；同时强调提升城市治理能力和增强市民获得感，并推动供给侧结构性改革。我们将以WID为导向的滨水区域建设主要工作内容总结为5个方面。

3.1 生态价值——保护自然资源，恢复生态系统的平衡和多样性，提高城市的生态服务功能

城市河流是城市生态系统的重要组成部分。进行生态修复工程，是河流两岸建设的核心任务。

河流的水流、水质和水量直接影响城市的生态环境，通过植被恢复、土壤改良、净化水体、改善水质等手段，修复受损的生态系统，增强其自然恢复能力。加强生物多样性保护，通过建立自然保护区或生态廊道，扩大河流水生生物的栖息地，为鱼类、鸟类等提供生存空间，保护河流两岸的珍稀物种和生态系统。同时，限制开发活动，防止对生物多样性造成破坏。通过这些措施，可以维护生态平衡，促进生物多样性发展。河流及其周边地区的植被和湿地等生态系统还承担着维护城市生态平衡的重要任务，两岸植被在保护河岸稳定、减缓水流侵蚀方面发挥着关键作用，合理规划和配植可以调节气候、净化空气、减少噪声，为城市提供宝贵的自然资源。

3.2 安全保障——防洪排涝，恢复河流的疏导功能，提高城市韧性与可持续发展

从防洪角度来看，河流承载着排水和防洪的重要功能。建立完善的洪水管理制度，包括定期监测水位、降雨量和流速等，并采取必要的预防措施，如设置防洪堤、修建蓄洪池和排涝系统，以减轻洪水对城市的影响；恢复河流疏导功能，通过整治河道、疏浚河床、清除障碍物等手段，恢复河流的正常流动和疏导功能，避免河水溢出造成灾害。在暴雨季节，有效疏导雨水，减轻城市排水系统的负担，防止内涝灾害的发生。在火灾、地震等紧急情况下，河流可以作为应急水源，为救援工作提供必要的水量。同时，河流的流动性和连通性也为城市的交通和物流提供了便利，有助于应对各种突发状况。

3.3 服务功能——对接周边用地，植入功能与服务设施，提高城市居民的获得感幸福感

通过增设公园、健身设施及儿童游乐场所，为居民提供安全有趣的休闲空间，提升他们的生活品质与幸福感。同时，完善社区服务设施，构建便捷的商业餐饮区域，提供全方位的生活服务，满足居民的多样化需求。设计亲水平台和步道，使居民能够亲近水面、观赏河景。这将增加居民对自然环境的亲近感和户外活动的乐趣；增设座椅、垃圾桶等公共设施，方便市民休息和保持环境整洁；建设步行道、自行车道等交通设施，方便市民出行；开展文化活动，举办节日庆典，丰富市民的精神文化生活；优化周边交通网络，确保河流两岸的交通便利性和可达性，方便居民出行，提高工作效率和生活质量。通过这些举措，我们不仅提高了城市的服务水平，增强了社区凝聚力和归属感，也为城市的经济发展和社会进步奠定了坚实基础。一个功能完善的河流两岸，将吸引更多人才和投资，共同推动城市的可持续发展。滨水空间成了宁静而富有生机的休闲场所，不仅丰富了市民的业余生活，还增进了彼此之间的情感交流，让城市生活更加温馨和谐。

3.4 文化载体——对在地文化与历史遗迹进行景观转化，增强市民对城市的认同感和归属感

自古以来，河流、湖泊等水域就是人类生活的重要依托，滨水地区往往成为城市发展的起点和核心区域。因此，滨水空间中留存着大量的历史遗迹、文化遗产和传统建筑，它们见证了城市的发展轨迹和文化的传承脉络。在河流两岸的规划中，文化载体扮演着至关重要的角色。首先，保护修复历史遗迹、提炼地方文化元素以及举办各类活动、拆除违法建筑、修复老旧设施等方式，有助于将在地文化与历史遗迹转化为具有吸引力的景观。其次，为举办各种文化节庆活动、艺术展览和演出等提供场地，丰富市民的精神文化生

活，促进城市文化的交流与传播，有助于增进邻里关系和社区凝聚力。这样，河流两岸就能成为展示城市文化魅力的综合空间，让市民在享受环境的同时，也能体验城市的文化底蕴。此外，开展环境教育与科普活动也至关重要。通过讲座、展览、实践活动等形式，向公众普及生态知识，提高公众的环保意识和参与度。通过以上相关工作的开展，我们可以将河流两岸打造成一个集历史遗迹、文化景观和文化活动于一体的文化长廊，让市民在享受美好环境的同时，也能感受到城市的文化魅力和精神内涵，从而增强对城市的认同感和归属感，焕发城市新的活力，提高城市的吸引力和竞争力，为市民创造更加美好的生活环境。

3.5 经济价值——融入产业，推动城市经济的发展，提升城市形象和竞争力

将滨水空间通过合理的规划和开发转化为高品质的游憩旅游资源，吸引大量的游客和投资者，从而推动相关产业的发展，如旅游业、餐饮业、娱乐业等。这些产业的发展不仅能够为城市带来可观的经济收入，还能够创造更多的就业机会，促进城市经济的繁荣发展。滨水空间具有巨大的潜在经济价值，对于推动城市经济发展、提升城市形象和竞争力具有重要作用。

综上所述，WID引导下的滨水区域建设是一个综合性的概念，涵盖了生态修复、城市安全、城市服务、在地文化、经济发展5个方面。这些内容共同构成了滨水空间建设的核心内容，旨在推动城市的可持续发展和提升市民的生活质量。

4 项目案例：嘉兴九水连心景观规划

嘉兴南湖呈放射状哺育着嘉兴的城市发展与建设。南湖是共产党一大的召开地、共产党诞生地，

九条水系从南湖呈放射状分布。就像天津城市的形态受到海河的影响一样，嘉兴城市形态也受九水连心形态的影响。九条河都非常重要，九水连心是一个完整的体系。

我们首先研究了个体与系统之间的关系，认为在九水连心整体框架中，南三水具有更多的生态属性。这个生态属性的结论主要基于：嘉兴城市的总体规划、蓝绿空间、河流水系以及场地资源的禀赋。

基于生态属性南三水的总体定位为，"以蓝绿空间为基底，以创新活力为源泉，以人本服务和生态服务为内核。我们以具有传统意境的新江南园林语言来讲述南城故事"。南三水将与南部城区共诉未来愿景。它是生态的、宜居的、未来的。我们要塑造好它的生态本底。生态从水做起，通过"六维治水"打造洁净、健康、靓丽、充满韧性的活力水体。

其次，我们深入挖掘并强化了每一条河流的特质，提炼它在"九水"中的相对共性和绝对差异，以此塑造每一条水的文化内涵与风貌意境。

长水塘为"风土记忆"之水，通过风土景观的手法，表达嘉兴传统水乡的土地、河流、植被特征，以及在地理环境中人的行为和文化。

海盐塘，我们将重点提升其中央磁力，通过城园一体的策略，使之成为城市绿心。

长中港，因为处于嘉兴副中心与高铁城市发展轴线，是新疏通之水，因此我们将其定位为科技智慧中心，它应该是交互的，生活的，是城市名片。

4.1 长水塘

长水塘在嘉兴境内有5.9 km，水面有40~300 m宽，用地规模达257 hm²，水面约70 hm²。长水塘始建于公元221年，历史悠久，但嘉兴城区的这段是没有历史遗存的，它在九水体系中所承载的历史也必然不能像北城的苏州塘、杭州塘那样厚重，它保留了河流中的原有风貌及城市化进程中的原有形

态。长水塘是最为原生的，它传承下来的只有风土，没有具象遗产。

我们对长水塘的传统河道的形态、田园植被的风貌、河道与植被的空间关系、风土中建筑与人的行为、文化意象 5 个方面进行梳理提炼，形成以嘉兴传统河流为中心的全景式风土记忆。

设计在空间上保留了原有河流形态，丰富了北部水陆交界处的人水互动界面，利用现状植被及现有公园空间，按照区段的空间逻辑对应后方地块的不同城市功能，形成不同的设计主题。我们按照长水塘周边环境、居住、医疗、商务等不同功能，依照延续城市、承载相邻对应空间城市功能的原则将其分为四段。

第一段，西南湖，设置西南湖书院与放鹤亭遥相呼应，形成市中心原始生态林中的知识能量补给站；同时结合零售、创意工坊、国学讲堂、科普展示等配套功能，补充新城区文化功能。

第二段，利用现状苗圃腹地，以景观桥跨河为切入点，连接中环南路的医院板块，形成疗愈主题的延伸。我们对公园的观感、空间、尺度、坡度、距离等进行专项设计，以触摸疗愈、芬芳疗愈、树林氧吧、人性化关爱设计为主题打造疗愈公园。

第三段，文化花园综合考虑古代诗词描绘嘉兴风貌出现最多的物象和意象，以及传统建筑的水岸空间关系，结合嘉兴风土文化，同时引入良渚文化、江南元素、水乡历史传统建筑风貌等进行设计，增强文化花园的地域特色。

第四段，利用现状农田及荒地，演绎六田一水三分地，旱地栽桑、水田种粮、湖荡养鱼的嘉兴原始地貌，将原始劳作文化融于景观空间，营建圩田风土景观。以生态观光、亲子农活互动、教育科普为出发点，打造寓教于乐、玩学合一的慢生活空间。

河流两岸及铁路线 30 m 安全范围外以骑行道、慢跑道、漫步道、联通径四道复合的绿道系统贯穿全线，贯穿四个段落，形成滨水空间整体的逻辑线。同时沿线落实了上位规划要求，通过梅、竹、梨这些传统河道中的伴生植物品种，打造梅风鹤影、竹逸梨闲的步行景观风貌。充满传统建筑元素的驿站沿绿道全线布设，分为三级，为沿线提供不同的服务。

4.2 海盐塘

海盐塘长 6 km，水宽 30~150 m，西岸宽 50~420 m，东岸宽 500~900 m。河道渠化严重，形态笔直、两岸植被茂密。海盐塘承接区域所有的上位规划。从市域的大系统，到南部片区的中系统，再到区域内的小系统，三者呈嵌套的关系。设计充分考虑对两侧用地的开发，为河道用地的业态选择、城市设计提供了一些建议。同时我们还将海盐塘两岸现有的植物园、中央公园、气象塔、贯泾港水源保护地纳入整体统筹设计。

海盐塘对标纽约中央公园，坚持城园一体、以人为核心，为不同年龄段人群打造嘉兴新中央公园。通过尺度比对，我们发现它比纽约中央公园更长、更宽，有更好的腹地、水源及生态特征，未来必将成为密集城市中的绿肺、汇聚人气的城市中央会客厅，会成为嘉兴城市的活力引爆点。

这个项目的关键就是公园城市问题和城园一体的关系。在城园一体化发展的原则下，我们首先要打开城市界面，让海盐塘与城市共享，一改目前封闭的南湖大道等城市界面问题。

我们将沿线重要点位视线打开，通过现状植被清理、地貌整理、防浪墙拆除、活化利用等景观处理方式，使南湖景观大道的车行道形成视线共景的关系，使行人可以看到重塑的标志山体。

看到中央公园内起伏地貌，河岸对景的活力

风光，我们做的第一件事是打开城市与水的视线关系，将消极、背向城市的海盐塘转变为面向城市的景观大道的一部分。

第二从城市的整体性考虑，做好海盐塘边界的激活工作，与城市形成无边界的紧密整体；着重设计了连续的公园化人行步道，特别注重了绿化的延续、与周边用地与城市组团用地的空间对位。

第三是内部整体路网与外部的连通，建立四道并行的绿道慢行系统，形成全线、两岸、桥下、城市、水体五个维度的连接。

整体道路形成两个独立并联系的体系：绿色的是滨水绿道，全线贯穿，连通南湖与南部水源保护地；红色的是中央公园环路，园路跨路打通北部三个地块间的联系，形成复合环带串联中央公园内的各个活跃功能，实现了城园一体和地块与南湖、与城市功能的伴生、一体化。我们以"人民城市为人民"，公平正义、无差别、代际平等为原则，提升空间品质，综合考虑全龄、全职业人员需求，以创造新型城市公共互动空间及城市事件为抓手，创建3大嘉兴活力IP、打造4类特色主题板块、构建多个节事活动序列，以一山、一水、二环、四段、六园、八景为中央公园景观结构。

我们梳理现状水体，通过连通、疏导、下挖等方式优化现有水体体系，形成具有完整海绵功能及以低影响开发为主导的良性水体。将开挖土方堆放在公园塑山，重塑嘉兴新中央公园的视觉高地，为南城中央绿轴提供观景高点，为南湖大道及城市界面提供山水背景，即一山、一水。环绕两岸的绿道步行系统成环，同时打通中央公园北部三个地块并连通两岸的中央公园形成复合环带，以此形成两环。

根据地块周边城市功能，延伸空间属性，形成连接、活力、科普、生态四个段落。结合六园

八景形成整体公园景观体系。在保持公园原有功能基础上，通过空间优化，提升吸引力和影响力。公园可以承载城市艺术节、假日野餐会、户外婚礼、小小艺术家、城市音乐节、户外交响乐演奏、星光水景电影院、城市生活活动展示、商业展示、主题活动、书影展示等带动城市活力与文化发展的城市客厅场所的功能；同时利用现有植物园及现状乐园打造可以激发儿童创造力、想象力、协作力、意志力等充分释放青少年对自然向往的天性的活动场所，包括多元的自然探索、野外生存、植物课堂、户外自然博物馆、森林树屋、休闲趣味运动基地、嘉兴植物艺术市集等。

为加强水源保护地的生态防护，在城市客厅与保护地间打造过渡段湿地科普公园。我们加强其生态设计，使其具有嘉兴湿地科普范式、生态标杆的作用。在这里设置的观鸟塔将成为新中央公园的又一地标，鸟瞰绿轴，望向南湖。面对贯泾港水源保护问题，我们将通过环形水道，进行视觉无边界处理，采用新加坡水源保护地的处理方式，在保护水源安全的前提下，适度增加科研、游憩功能。

海盐塘湿地首期建设范围为河道西侧及河道东岸50 m范围内区域，根据需求进行保留、提升及新建。通过4级复合的慢行系统，建立滨水绿道体系，同时以水体栈道连接、桥下连接以及城市道路开口连接作为补充。因中环南路较高，绕桥步行连通两岸距离远，我们以祥云天桥对气象塔节点进行景观整合，连接两岸，使周边政府区、商务区、居住区形成步行连通，打造由拳路、中环南路方向的又一地标景观，成为新嘉兴中央的塔、山、塔的地标序列。海盐塘北段被居住区侵占，无滨水公共空间区域，我们以预制桩基础栈道的结构模式，采用水陆施工的方式，连通南湖与嘉兴新中央公园间的游步路径，以此完善、打通海

盐塘全线滨水漫步系统。慢行系统沿线布置观水互动空间、休憩空间和三级驿站，实现全线服务功能的升级与完善。

4.3 长中港

长中港被定位为科技智慧中心，其定位主要源于嘉兴城市副中心与高铁新区发展轴线。长中港北接南湖，河道宽 20~200 m，西岸 10~90 m，东岸 15~96 m。沿河多为柳树，设计空间狭长，河网分支密布，以硬质河岸为主，河道以长水路为界，南部目前比较荒芜。蜿蜒长达 7.7 km 的水岸，与周边的居住、商务、教育、科创板块相互渗透。

作为连接城市中心到高铁新区的新兴水系，长中港必将承载更多的科技功能，为城市带来活力、艺术、生机。我们通过创新空间设计，使长中港具有面向未来的姿态。长中港根据居住、商务、教育、科创板块不同的分布情况，分为城市宜居、校园文化、活力滨水、新区展示四个主题段落，形成四带、四园、八景的景观结构。

设计结合沿线教育、科创板块植入校园文化带，营造智创空间，为人们在户外提供交谈、会议、创客空间等，为新时代学生及科技青年提供户外新兴功能场地。通过大尺度红桥结合科技、智慧元素，打造承载城市事件的体验场地，拉起新的观赏界面。沿线布设以石榴、紫薇为主体植被的榴薇园，营建夏季紫色、黄色梦幻效果；遵循上位规划要求，打造枫叶榴花，似锦绿廊的意境。布设适合多年龄段、多样化的儿童活动场所。同时注重夜景设计营造科技型夜景游憩照明，并配套具有互动功能的科技设施，打造科技智慧之河。

5 结语

在当今这个快速变化的时代，城市的面貌正经历着前所未有的转型。在这样的大背景下，如何平衡历史保护与现代发展，如何协调经济增长与生态环境，是每一座城市必须面对的重大课题。嘉兴，这座拥有悠久历史的城市，近年来在城市更新与生态文明建设方面迈出了坚实的步伐。嘉兴通过滨水空间的更新与改造，不仅提升了城市的生态环境质量，也增强了市民的幸福感与获得感，为其他城市提供了宝贵的经验和启示。

嘉兴南部三条水系的更新改造项目，不仅是滨水空间更新中的成功实践，更是对 WID 理念的深化和拓展；既是对城市生态环境的改善，也是对市民生活质量的提升。

"双碳"目标驱动的景观设计
——以天津首个双碳公园规划设计为例

宋宁宁　扈传佳　杨芳菲

1 引言

随着低碳时代的到来，城市发展逐渐由现代工业城市向低碳城市转变。公园作为城市生态系统的重要组成部分，其规划设计也需要从工业文明向低碳方向转换。探索低碳化的城市公园设计技术举措，为低碳城市发展提供解决方案，对于发展低碳城市具有重要意义。

2 低碳城市公园规划设计的理念与原则

低碳城市公园规划设计应遵循低碳、环保、生态、可持续的原则，通过科学规划、合理布局、绿色施工、智能管理等方式，实现城市公园的低碳化、生态化和可持续发展。具体来说，应坚持以下原则。

①全生命周期的碳排放管控。从公园规划设计、建造施工、运营管理到后期维护等全生命周期，都应注重碳排放的管控。

②绿色能源与低能耗技术的应用。积极采用太阳能、风能等绿色能源和节能建筑技术与节能设备，降低公园的能耗和碳排放。

③生态优先与环境保护。注重公园生态功能的发挥，保护自然生态环境，提高公园的生物多样性和生态稳定性。

④公众参与与互动。鼓励公众参与公园规划设计、建设施工和运营管理，提高公园的互动性和社会参与度。

3 天津双碳公园规划设计案例分析

3.1 项目概况

双碳公园位于天津市河西区，占地面积约 1.47 万 m^2。场地原为临河闲置绿地，周边居住区游憩绿地资源相对匮乏。公园的规划设计坚持"低碳环保、生态宜居、公众参与"的理念，旨在通过采用低能耗、绿色能源、互动景观等多种技术举措，建设一个集休闲、运动、生态于一体的低碳城市公园，为市民提供一个绿色、健康、舒适的休闲场所。

3.2 设计技术方法与实践

为建立全生命周期的碳排放管控体系，双碳公园运用了 9 种创新技术：低碳建筑、绿色能源、互动景观、植物碳汇、海绵城市、低碳材料、资源循环、智慧管理、水生态等，达到倡导和宣传公园"双碳"理念的目的。

3.2.1 低碳建筑

（1）建筑结构——预加工可拆卸结构

模块化设计，装配化生产安装；3个单元采用相同模数设计，同时制定门

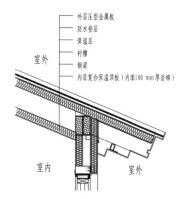

图1 建筑围护结构——屋面做法

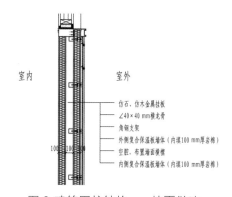

图2 建筑围护结构——墙面做法

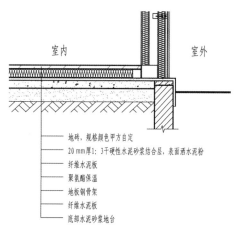

图3 建筑围护结构——地面做法

窗、屋顶和收边等标准模块，提高工厂化率。建筑预制化和可拆卸设计大大提升了建筑材料的使用率，建筑构件非焊接处理的方式，提升了构件组装率，减少了施工现场的作业量，降低了施工中的人材机成本，从而达到了节能减排目的。

（2）建筑材料——低碳建材

建筑以被动式技术为主体，适当结合主动式技术。建筑主体材料选用钢、木、纤维挂板等可回收材料；墙体设置垂直绿化，充分利用建筑表面进行碳交换和固碳，同时绿植为建筑立面形象带来活力。

（3）建筑构造——超低能耗标准的围护结构保温

针对建筑气密性能，建筑外围护结构墙体两侧均采用复合保温墙板，预留空气夹层形成夹心保温，墙体中部的空气空腔利用内外表面空气露点温度的不同，有效阻断湿气进入墙体。该做法也为钢结构施工中的墙面平整误差以及墙体内部檩条安装提供了操作空间。

建筑外围护结构采用被动房节能设计标准的节能门窗，建筑围护结构中双层夹心墙以及高效节能门窗的使用，可有效降低被动式的采暖和制冷能耗，实现室内热环境良好舒适度的同时，也兼顾了装配式建筑的预加工及可拆卸性（图1~图3）。

（4）建筑能源选择——低碳能源

建筑在冬季和夏季主导风向上分别设置了风能发电机组（共6组），利用风洞原理引导风向，驱动风能发电机工作。同时结合双坡屋面形式设置太阳能光伏板发电系统（共计30块太阳能板），风、光互补发电系统总装机为12 kWP，以并网的方式为建筑提供电能，可满足建筑内部全部照明需求。在可再生能源使用上，将建筑设备利用由传统的功能性向景观性进行拓展，实现了可再生能源——风、光与建筑一体化的有机结合，使低碳理念宣传更具直观的展示效果（图4~图5）。

（5）建筑能耗控制——电热膜及热泵型新风供暖系统、污水无害化处理及回用设施

在采暖与通风设计方面，本建筑在管理中心及体验中心采用了共2台被动房专用热泵型新风环境控制一体机。

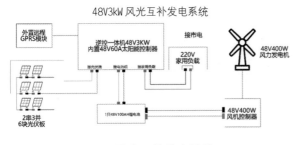

图 4 风光互补发电系统

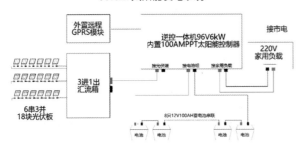

图 5 太阳能发电系统

相较于普通新风一体机，其年能源总消耗量更低。

公厕单体采暖采用智能温控电热膜，不占用卫生间室内空间，利于卫生器具布置。公厕设置污水无害化处理设备一台，可处理公厕全部的污水量 8.88 m³/d，污水经过粪污收集池、生物处理模块处理后通过泵加压回用。正常运行时无污水排放，生物处理不存在二次污染，不会产生废气，后期维护方便，运行成本低。

（6）建筑运营管理——智能集成控制

方案设计了智能控制系统，对室内温湿度进行持续监测，自动调节，通过物联网对设备进行控制，为参观者提供新型生活体验。

3.2.2 植物碳汇

在公园绿地的建设中，园林植物的应用与低碳排和高碳汇都密切相关。园林植物品种的选择、栽植模式的确定、养护管理的方法等，是实现低碳目标的重要影响因素。

（1）优选固碳效益优良的乡土植物品种加以广泛应用

不同植物品种的固碳效益存在差距，对植物群落的固碳效益有着直接的影响。根据现有研究成果，将天津市部分常见园林植物按照固碳能力分为三类（表1）。

（2）坚持多样性原则，优化种植形式，配置"近自然"复层植物群落

植物群落层次越多，固碳效益越明显。多样性导致稳定性，"近自然"的植物群落能够使其生态效益更好地发挥出来。整体趋势为：复层植物群落＞双层植物群落＞单层植物群落；不同配置方式的绿量指数以及绿量指数与冠幅指数比、绿量指数与郁闭度比均表现为：自然式＞混合式＞规则式。

（3）公园植物碳汇量测算

针对天津乡土树种和优势树种进行碳汇量调研，测算出主要树种的碳汇能力，结合具体种植

表 1 不同植物固碳能力分类

固碳能力	乔木	灌木
一类树种	白皮松、桧柏、国槐、刺槐、绒毛白蜡、悬铃木、栾树	紫薇、木槿、大叶黄杨、金叶女贞、榆叶梅
二类树种	油松、毛白杨、榆树、臭椿、黄栌、西府海棠	珍珠梅、紫丁香、金银木、紫荆、锦带、接骨木
三类树种	银杏、龙爪槐、黄金树、火炬树、山桃、北美海棠、暴马丁香	连翘、天目琼花、忍冬、红瑞木

设计可得全园植物碳汇量估值。

3.2.3 海绵城市

主要通过"植草沟＋雨水花园＋蓄水池"的方式，汇集场地雨水，集中至低碳展廊蓄水模块，用于水景、浇灌等，并根据《天津市海绵城市建设技术导则》，对蓄水池做出建设指导。

3.2.4 低碳材料

公园建设材料大部分应用低碳环保产品，主要材料有：植物绿墙、石笼、耐候钢板、PU仿石、透水砖、竹及竹木、植物藤编、轮胎等其他旧物利用材料。使用可自然降解、可循环使用的材料，可以节省不可再生的材料资源。公园低碳用材指标具体如下。

① 50%的施工现场非危险废弃物得到回收利用；

② 使用再生材料的价值占总耗材价值的5%；

③ 10%的循环材料取自周边区域；

④ 总价2.5%的材料是快生材料；

⑤ 至少50%的木材符合FSC（森林管理委员会）相关规定。

3.2.5 资源循环

（1）垃圾分类回收

提倡绿色消费，减少废弃物的产生，推广分类收集，最大化废弃物利用；智能垃圾分类及回收垃圾箱临近低碳展廊放置。

（2）绿化废弃物再利用

施工前期场地整理以及建成后园内自然形成的枯枝落叶均不出园，通过粉碎回撒，让枯枝落叶变废为宝。

3.2.6 互动景观

公园设计有低碳主题互动设施，将"双碳"理念的宣传与展示融入互动景观。结合雨水花园，设置互动浇灌设施，将游客"动能"转化为灌溉"动能"，将"双碳"的理念寓教于乐。

3.2.7 智慧管理

运用物联网、云计算、移动互联网等技术，搭建园林绿地公共信息平台，强调系统性节能减排效能，带动集约、智能、绿色、低碳的公园管理，提升公园绿地智能化水平。

3.2.8 水生态

构建自平衡水环境，水中采用生态浮岛、动态水景增氧等技术措施，保证水环境健康。

4　实施效果与展望

双碳公园建成后，已成为一个集休闲、运动、生态于一体的低碳城市公园，得到市民百姓的喜爱。该项目的实施改善了周边居民的生活环境，提高了城市的生态环境质量，为天津低碳城市公园建设提供了有益的实践经验和借鉴。未来，天津应进一步加强低碳理念在城市公园规划设计中的应用和推广，探索更多适用于低碳城市发展的城市公园规划设计方法和技术举措，为构建低碳城市提供支持。

城市特色风貌视角下的老城片区更新策略
——以邹平市老城区为例

李晓晓

1 背景

由于城市在形成和发展的过程中，所处的自然环境、经济水平、居民生活方式不尽相同，从而积淀形成了不同的城市风貌特色。每一座城市都有一方自己的底蕴，历经岁月洗礼，呈现出独有的城市味道。随着时间的推移，人民群众对城市宜居生活不断产生新需求、新期待，而老城呈现出既有基础设施老化、环境衰退、特色风貌逐步消失的状态，因此，老城片区亟待复兴。

2 城市更新背景下老城片区面临的问题

邹平位于山东省滨州市，是历史上有名的齐鲁上九县，范仲淹故里。邹平历史悠久，文化底蕴深厚，北接黄河，南枕山区，一面青山一面城，一半青山一半水。2000 年以前老城是城市的核心，2000 年以后城市东拓南进，发展重心转向经济开发区和南部新城，城市经历了快速发展。

2015 年以后，城市发展速度减缓，进入了存量更新和增量结构调整并重的阶段。老城革新的进度相对缓慢，出现了一系列的问题，人口结构问题导致的活力减退，历史文化风貌特色不突出、交通拥堵停车困难、大量城中村带来的社区公共服务不足、景观开放空间消退等，这与南部新城形成了鲜明的对比。

为了更好地把脉城市发展面临的突出问题，找准下一步更新的问题切入点，项目组开展了城市更新年度体检工作（表1）。住建局牵头，相关部门共同参与，社区多层级联动，社会广泛参与，围绕民生导向、邹平特色，通过对客观指标评价

表 1 城市更新年度体检结果分析

目标	优良率	达标情况	分析结果
生态宜居	77.78%	1项不达标	中
健康舒适	45.45%	——	差
安全韧性	80.00%	2项达标	中
交通便捷	85.71%	——	良
风貌特色	20.00%	——	差
整洁有序	60.00%	——	良
多元包容	80.00%	——	良
创新活力	83.33%	——	良

和主观民意诉求两个维度进行加权分析，最终得出城市整体情况。从体检结果可以看出，邹平在安全韧性、交通便捷、多元包容、创新活力等方面表现较为优秀，指标优良率均达到或超过80%；在生态宜居、整洁有序方面表现一般；在健康舒适、风貌特色等方面问题比较突出，综合评价优良率不足60%；尤其是风貌特色不突出，综合评价优良率不足20%。

由此，我们提出老城片区更新的总体思路：整合重构老城特色风貌格局，提升老城环境价值和吸引力，找回人们对老城的情感认同、价值认同、文化认同，使老城重新获得发展的内源动力。

3 老城片区更新的策略：特色风貌重塑

3.1 技术路线

城市更新即城市建设2.0时代，人们要回归初心，实现高质量发展的空间治理，对国土空间布局系统优化和整体提升。从找准痛点、制定宏观战略、微观治理落到更新单元实施地块，实现

城市空间的高品质发展。在这个过程中，亟须建立规划引领、多专业协同，从提供城市体检、城市更新专项规划到落实城市更新实施方案为主的全过程咨询服务体系。在更新实施方案阶段深度整合，横向到边，纵向到底，以城市设计为统领，多专业协同，在城市各个空间领域全面实现高品质环境优化。

对应国土空间规划，在邹平城市更新过程中我们突出山水资源优势，传承文化，建设高品质中心城区，实现文化底蕴深厚的山水宜居景区型城市战略要求；同步开展邹平市城市更新专项规划和邹平市老城区特色景观风貌更新三年行动计划，从城市设计出发，构建整体架构，重新定义老城特色风貌格局，提出4个微更新的路径(图2)。

3.2 总体策略

第一，坚持规划引领，精心编制老城区更新规划方案。认真贯彻落实以人民为中心的发展思想，全面贯彻新发展理念，科学制定老城区更新规划目标，充分考虑城市发展整体目标、未来发展布局和各个功能区的协同分工，充分考虑老城

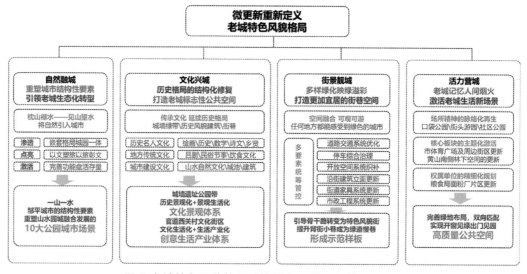

图2 老城特色风貌格局重塑导向下微更新技术路线

区现有基础、历史建筑，充分融入现代文化艺术设计理念和历史文化传承理念。

第二，坚持注重激发活力，以老城区特色风貌重塑为契机，结合现实需求与未来发展，优化城市空间布局，进一步提升城市功能品质，增强可持续发展能力，助力城市实现高质量发展。

第三，坚持历史文化保护优先，以文铸魂，塑造城市特色风貌。历史文化是一个城市诞生发展的根基和灵魂，是城市最独特的传承。老城区特色风貌重塑必须把历史建筑、历史文化作为重点，坚持保护优先原则，在推进城区改造的同时，认真落实历史建筑保护修缮要求，注重文化历史传承，塑造城市特色风貌。

4 老城片区更新的主要路径

4.1 重塑城市结构性要素，引领老城生态转型

"黄山有彩千秋画，黛溪无弦万古琴。"一山一水是邹平城市的结构性要素。为了将自然引入城市重塑山水园城融合发展的大美城市形态，引领老城空间生态化转型，我们结合现状道路规划、绿地系统规划，梳理出十大空间节点（图3）。山水相依，十大公园城市场景既是公共休闲场所又是文化集中展示的空间载体，可以带动周边约

1 km² 城市片区的有机更新。

嵌套格局，山城一体。在黄山景区东入口及周边片区更新中，将黄山植被群落延伸到城市中形成生态花街点亮街区。同时，整合周边闲置用地，完善停车、商业休闲、广场集散功能，使其成为黄山景区的前导空间和市民休闲活动空间（图4）。

圣贤故里，文化点亮。在黄山景区北入口友好广场乡贤文化园及周边片区更新中，以文塑旅、以旅彰文，在现有环境基础上通过文化展陈功能植入构建地域文化景观（图5）。

4.2 历史格局的结构化修复，打造老城标志性公共空间

充分挖掘老城历史文化，以城墙遗址和官道为线索，将邹平城里村和西关村一带打造为老城标志性公共空间。唤醒老城记忆，建设城墙遗址公园环。通过三种模式提供用地保证，未来形成2.7 km老城文化休闲带（图6）。

实现历史风貌建筑的保护与新生。传承历史文脉，重塑场地活力，对接未来生活，对历史风貌建筑进行保护更新和再利用。最大程度地尊重和保留现状建筑历史风貌，用传统建筑符号进行修缮，响应新生活方式，注入新业态，使风貌建筑成为街区活力引擎和文化地标（图7）。

1. 特色山水空间正在被四周的建筑开发逐渐包围   2. 建议适当打破一些分隔自然绿色空间的界线   3.机会用地优先建设公园绿地，重构城园新格局

图3 重塑山水空间路径示意图

图 4 嵌套格局山城一体

图 5 嵌套格局山城一体

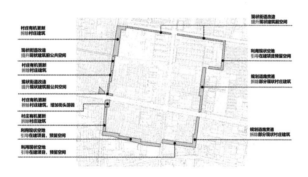

图 6 城墙公园带规划图

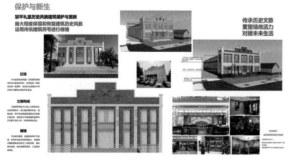

图 7 历史风貌建筑保护与更新规划

4.3 多样绿化映绿溢彩，打造更加绿色舒适的街道空间

更新过程中，引导城市道路转变为绿化特色风貌街。利用具有一定绿量的环城道路，建设绿道串联周边城市公园；对于绿地空间有限的一般道路，通过多种绿化方式，提高街道绿视率。将物理空间单一的街道改造成有层次、有背景、视力所及范围内绿视率达到 80% 的连续林荫道，提升街区整体环境质量。

在此基础上，通过全维度设计，优化功能，完善设施，打造更加绿色舒适的街道空间。通过道路空间优化和重点停车点位建设，建设行人友好、慢行友好、安全有序的街区环境。对街道两侧建筑立面进行更新，将地方文化和地域特色融入现代建筑语言中，营造古朴自然的老城风貌。丰富、完善街道设施，提升街区整体功能。整体统筹有序推进管线和市政工程，充分展现邹平历史和人文艺术（图 8）。

图 8 全维度设计打造更加绿色舒适的街道空间

保留

1.保留提升4处现有社区级公共活动空间

增加

2.腾退增绿增加3处社区绿地和街头游园

织补

3.结合街道释放小微绿地和空间节点

图 9 老城片区游园公共空间系统规划图

图 10 街头游园场景重塑

图 11 主题板块场景重塑

4.4 老城记忆人间烟火，激活老城生活新场景

通过保留提升和腾退增绿，释放更多的公共空间，完善老城绿地布局，打造更具烟火气和人文活力的游园体系（图 9）。重点完善适老设施和提升环境品质，更好服务周边社区居民，提升周边环境价值。

一是围绕老城标志性元素，实现场所精神的脉络化再生。在社区周边街头游园，通过大树点亮老城场景，重塑文化记忆（图 10）。

二是核心板块的主题化激活，通过大型公共空间节点带动周边城市更新单元整体更新。在体育广场周边的环境更新中，我们通过文化植入和环境重塑，打造了体育运动特色街区，提升了周边 1.5 km² 用地的环境价值（图 11）。

5 结语

老城区是城市更新中不可或缺的组成部分，老城改造更新是重大的城市民生工程。如何通过有效的城市设计手段来保护和重构城市的特色，已经成为一个热点问题。在城市更新政策背景下，针对北方中小城市老城片区面临的特色风貌缺失等问题，本文以山东邹平老城片区城市设计为例，从自然融城、文化兴城、街景靓城、活力营城 4 个方面建立了微更新重塑老城片区特色景观风貌的具体路径，整合重构、重新定义老城特色风貌格局，全面提升老城的环境价值和吸引力。

生生不息的活力场
——雄安新区蓝绿景观项目探析

陈晓晔　刘美　崔丽

1　研究背景

2017 年 4 月 1 日，中共中央、国务院印发通知，决定设立国家级新区河北雄安新区，12 月，国务院正式批复《河北雄安新区总体规划（2018—2035 年）》。设立河北雄安新区，是以习近平同志为核心的党中央推进京津冀协同发展做出的一项重大战略决策，是千年大计、国家大事。

千年大计，要经得起历史检验，体现时代风貌，谋定后动，规划先行。

天津园林总院作为国内风景园林行业的领军企业，第一时间进军雄安新区，5 年来，先后完成雄安高铁公园等 17 个项目，为大美雄安建设留下了浓墨重彩的一笔。

图 1　场地现状

2　研究样本与研究方向

本文以启动区中央绿谷一期等多个雄安新区景观项目的中标方案成果为研究对象，探讨在新时代"公园城市""人民城市"指导思想下，大型城市开放空间的规划策略与新思路。

3　研究内容

3.1　雄安启动区中央绿谷一期项目——蓝绿融合的城市活力场

3.1.1　项目区位

项目地处河北省容城县，属冀中平原，由于取土和地表径流冲蚀形成独特的沟壑坑塘地貌（图 1）。

3.1.2　自然禀赋

项目所在地区地处中纬度地带，属温带大陆性季风气候，四季分明，春旱多风，夏热多雨，秋凉气爽，冬寒少雪。全年平均气温 11.9 ℃，极端最高气温 40.9 ℃（1972 年 6 月 10 日），极端最低气温 -21.5 ℃（1970 年 1 月 5

日），最热7月平均气温26.1 ℃，全年无霜期191天，最长205天，最短180天，初霜日平均出现每年的10月19日，终霜日平均出现的每年4月12日。年日均气温0 ℃以上的持续273天。平均年降水量为522.9 mm，年极端降水量最大为1 237.2 mm（1954年），年极端最小降水量为207.3 mm（1975年）。全年以偏北风最多，年平均风速2.1 m/s。历史极端最大风速为20 m/s（1972年3月）。

3.1.3 上位规划

雄安新区启动区定位为新区先行发展示范区。依据上位规划，中央绿谷是启动区门户景观轴的重要段落，以生活化为特色，打造启动区核心区综合公园与城市门户，是启动区生态体系的重要环节，发挥蓝绿生态廊道的作用，林水交融，调蓄排涝，引水入淀，同时也是启动区城市景观建设的示范性项目。

中央绿谷一期位于雄安新区启动区中心区域金融岛片区，是启动区南北蓝绿主干与活力主轴的核心段落。项目周边为金融商务、科创产业和生活服务组团。

由天津园林规划设计研究总院与中交水运规划设计院组成的联合体，于2020年5月参加了雄安启动区中央绿谷一期项目的设计招标，并最终中标。

3.1.4 研究要点

（1）挑战与对策

1）主要难点

一是建设适应场地限制性自然条件的韧性蓝绿廊道，全面实现通水排涝、抚育生境等生态规划目标，保障启动区城市安全。

二是均衡适应建设时序、多样需求、经济平衡等客观条件，塑造城园共融，生息多元的景观活力场集合。

2）设计策略

基于以上问题，设计以融合、融汇、包容、

繁荣为主题，构建"一环双谷，三水八湾"空间布局，打造具有"中华风范、淀泊风光、创新风尚"的高品质城市公园，充分表达"水绿融合、城园融合、文化多元、中西合璧"的城市精神与形象（图2）。

图2 绿谷整体鸟瞰图

策略一：搭建"一环双谷，三水八湾"的空间格局。基于启动区和金融岛独有的空间格局，弥合高度城市化空间秩序与自然生态肌理，促进人、城、境、业的高度融合与互动。

策略二：构建自适应韧性水生态系统。在雄安新区海绵城市和启动区水系通航的前提下，优化水体尺度规模，构建自适应的水生态系统，以实现景观效果、生态功能与运维减量化的均好平衡。

策略三：构建活力场集合与弹性设计。通过场景化生活化景点体系构建，与周边地块互惠生长，实现城园融合，业业互进。通过城-园界面的弹性设计兼顾绿谷近期的建设效果和远期的生长潜力。

（2）设计要点

1）提升景观内涵，建设高品质国际水准公园

水系规划——公园以溪、河、湖、湾、滩、岛、洲等形态丰富的水系为骨干贯穿全园，中央绿谷、东部溪谷双水汇聚，构建环金融岛水系，配合本土湿生植物群落，以景观化手法再现北方水乡、

淀泊风光（图3）。

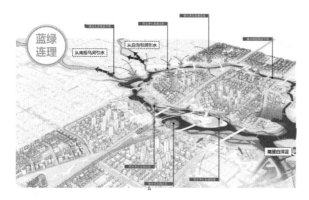

图 3 绿谷一期水系分析图

空间设置——结合城市功能布局，对标园林景观发展潮流，设计智慧互动型、儿童友好型、国际风尚型、生态低碳型等特色景观，打造三水八湾景观布局（图4），8座明星公园组成的公园群构建绿谷活力带。

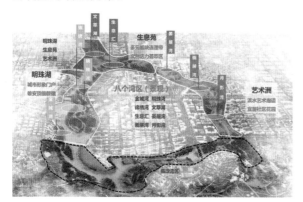

图 4 绿谷一期空间结构图

以明珠湖、文萃湖、艺术洲三大功能水域，塑造城市门户、活力客厅和创意水岸三大核心景观，包含金城湾、明珠湾、锦绣川、月影湾、画屏湾等八大特色景点，满足多元化使用需求，打造活力场集合（图5）。

建筑风貌——景观建筑因地制宜，传承创新，突出中西合璧、以中为主、古今交融的建筑风格。

植物风景——突出中华传统园林文化，以树

图 5 门户景观（锦绣川）效果图

寓意，借花抒情，提升公园文化内涵。科学配置，打造四季景观。突出地域植被风貌特点，超过 300 种适生植物，多种栽植模式，塑造多样性生态景观。科学确定常绿落叶、速生长寿等树种比例，营造超过 100 万 m² 低维护森林群落。

2）水陆畅行，城园融合的交通系统

37 km"E 道"贯穿全园，动静分离、体验丰富的立体复合绿色廊道，连通东西双谷，串联三水八湾；24 处出入口对位城市主次干道与功能板块，与启动区绿道系统顺畅衔接融为一体；9 km 特色水上游线，10 座游船码头，水陆畅行，为"港站城淀连通"提供支撑（图6）。

图 6 水陆畅行交通系统

3）水脉畅流，韧性安全的水系廊道

依据《河北雄安新区启动区控制性详细规划》，在满足 50 年一遇排涝规划要求的基础上优化水系设计。水域蓝线宽度均控制在 30 m 以上，确保环金融岛水系全线通航。68 hm² 多姿水系，18 km 生态岸线，涵盖丰富水境。充分考虑季节性河流水位变化，构建韧性水岸。自然驳岸占比超90%，岸线遮阴率超30%，开敞水域周边均设水深0.5 m以下浅水区，供湿地生物栖息觅食。同时，设计市政雨水排口＋净化湿地＋滨水植物带＋水生生物群落＋动力水循环装置组成的复合型水质净化系统。实现蓝绿交织、清新明亮、水城共融。

4）功能完善、业态丰富的配套服务措施

综合考虑公园周边城市片区的功能定位和人群构成，合理设置公园公共服务空间和经营性设施，共设置14处配套服务建筑。结合周边用地，融汇内生文化，完善功能，构建双谷八园、城景交融的服务体系。赋予公园市场化运作空间，以情景化、沉浸式消费体验，吸引多样人群。延伸城市功能，提高公园服务品质，提升场地能级与价值，带动提升区域整体的竞争优势、发展优势。实现景业共荣，城园一体。

启动区中央绿谷一期工程已于2021年9月正式开工建设。项目整体上贯彻了打造"启动区活力中心，高品质综合性城市公园"与弹性设计的建设理念。近期建设打牢蓝绿生态基底，伴随周边基础设施与开发地块建设，远期不断充实高品质景点和服务体系。与启动区同频共振，有机成长。成为新时代大尺度城市空间建设的新实践。

3.2 雄安新区昝岗乐活公园——以人为中，活力绿心

本项目处于昝岗组团核心功能轴上，项目规模67.4 hm²，衔接昝岗"生产、生态、生活"三生统筹的城市空间，围绕雄安新区建设"妙不可言""心向往之"典范城市主要内涵特征，打造融合休闲游憩、自然科普、儿童友好、全民健身、活力服务、创新包容、现代化气息的综合型公园。

3.3 雄安高铁公园——雄安首驿，新区名片

项目位于昝岗组团，高铁场站桥下空间，占地约14.28 hm²。根据TOD模式下的绿地景观设计，从种植、交通、排水、监控等方面满足高铁的防护安全需求，为高铁沿线建立了绿化防护空间。细节刻画体现中华传统文化基因，凸显中国元素，满足服务对象多元、功能复合、营造难忘体验的高辨识度绿空间，缝合了城市空间，促进了功能的整体性和延续性，统筹了公园用地与铁路一体化建设。

3.4 雄东片区A单元配套公园——宜居花园，园城一体

雄东片区A单元配套公园项目位于雄安新区雄东片区西北部，项目总面积约79.23 hm²。方案设计以塑造美好人居环境，满足人民日益增长的美好生活需要为根本目的，为片区提供民生保障，成为雄东片区A组团居民搬迁安居的集中承载地。设计从片区规划格局出发，在场地形成"城市休闲-近自然地-防护林带"的梯度层次，缝合城市与田园；以"园城一体"为设计理念，落实公园城市理念，构建一河两岸多层级湿地的互动活力花园，将人民引至水岸，共享"水城共融"的幸福生活。

3.5 千年秀林——生态基底，绿色启航

千年秀林项目位于雄安新区安新县内，投资额约2.57亿元，造林面积约1.9万亩（约12.67 km²），主要分为环新区绿化带、廊道生态林两部分，全力打造雄安新区生态屏障。

该项目为雄安新区建设奠定了生态大绿的底色，提供了长久发展的根基，树立了我国平原地区大面积近自然林建设在规划设计、苗木选择、

技术支撑、施工管理、后期监管等方面的范式、先进理念、国际标准。

4 结束语

自 2017 年雄安新区成立，我院积极参与新区景观项目建设。项目贯彻森林城市、公园城市、人民城市理念，通过对绿环（千年秀林）、绿廊（雄东 A 组团配套公园）、绿轴（中央绿谷一期）、绿心（昝岗乐活公园）等多形态城市绿地景观的探索实践，实现了城市开放空间规划设计的迭代升级，并开花落地，结出硕果。

如今，"千年秀林"工程累计造林 45.4 万亩（约 302.67 km²）以上，雄安中央绿谷一期、高铁公园等一批高品质公园景观绿地陆续建成投入使用，雄安新绿化率大幅度提升，新区面貌焕然一新，营造出"城在林中，水城一体，蓝绿交织，人在景中"的新城意趣。

AI 辅助设计对传统景观设计工作流的影响

王大任　宋宁宁

1　技术背景

人工智能（生成式）大模型近年来爆炸式的发展，计算力的指数级增长使得其对模型训练的能力大大提高，从而实现了基于扩散模型的图像生成、可理解上下文的人机语言对话以及多模态模型等技术的突破。相信这一趋势将对涉及视觉、绘画、语言等方面的工作场景产生深远影响。

目前，全球已有多家专注于垂直领域的研发部门或科技公司致力于将生成式人工智能技术应用于过去需要人类创意的生产环节。这些技术已经不再停留在实验阶段，而是可以在市场营销、计算机编程、音乐艺术、医疗医药、法律咨询等诸多行业和领域找到实际应用。在艺术创作领域，图像生成工具已经能够通过输入的描述文字或参考图像输出各种图像作品，包括逼真的照片和各种风格的画作，这些在以往仅能通过人的创作来实现。未来，生成式人工智能技术会进一步向视频、三维几何模型等更高维度的数据格式拓展，甚至是更复杂的数据样式，如建筑信息模型（BIM）。该技术也将被直接应用于需要更复杂的感知、创造和判断能力的工作场景中，因此，"人工智能"这个原本与创作、设计师各行其道的词汇如今已经开始渗透到这些群体中，景观设计行业也不例外。

2　传统的景观设计工作流

在传统的景观设计工作中，设计师一般会经历以下一系列流程。

2.1　需求调研和分析

首先，设计师需要与客户沟通，通过现场调研、用户访谈、市场分析等方式，充分了解客户的目的、需求、偏好，从而明确设计的方向和目标。

2.2　概念设计

明确客户需求和设计目标后，进入概念设计阶段。此阶段主要是对场地的分析和评估，生成设计理念和初步方案构思。设计师通过绘制草图、模型制作等方式表达设计概念。

2.3　方案设计和优化

概念设计阶段确定方向后，设计师进一步深化和优化设计方案，进行详细的设计细化、方案对比和评估等工作，以确保设计方案能够满足客户的需求。

2.4　施工图设计

方案得到客户确认后，设计师在方案深化的

基础上进行施工图设计。包括对深化方案的详细制图和设计，以及与相关专业的协调和沟通，确保设计方案顺利进行。

2.5 施工的实施与管理

施工图设计完成后，设计师可能还需参与施工管理和监督工作，确保设计方案能够按照预期的要求和标准施工和完成。这个过程涉及设计师对环境、功能、美学等方面的综合考虑和判断，需要消耗大量的时间和精力。

3 AIGC技术在景观设计中的应用

人工智能技术包括机器学习、深度学习、数据挖掘等多种技术手段，它们能够模拟人类智能，对大规模数据进行分析和处理，从而实现自动化、智能化的应用。以下是AIGC具体的应用场景。

3.1 设计理念生成

AI技术可以通过分析大量的设计案例和数据，辅助设计师生成设计理念和方案。比如，可以利用机器学习算法来识别用户喜好和趋势，从而提供设计灵感和参考。

3.2 方案设计和优化

AI技术可以通过优化算法和模拟仿真，帮助设计师快速生成和优化设计方案。比如，可以利用遗传算法来优化设计参数，使得设计方案更加符合客户需求和环境要求。

3.3 可视化与模拟

AI技术可以实现对设计结果的快速可视化和模拟。比如，可以利用虚拟现实技术来模拟设计效果，帮助客户更直观地理解设计意图。

3.4 数据分析和决策支持

AI技术可以通过对大量的数据进行分析和挖掘，为设计决策提供科学依据。比如，可以利用数据挖掘技术来分析用户需求和行为，从而指导设计方向和决策。

3.5 典型案例分析

通过对一些典型的AI在景观设计中的应用案例进行分析，可以更加具体地了解AI技术在实际项目中的应用效果和价值。

4 AI辅助景观设计

以天津市的实际案例：某路交叉口的口袋公园为例，AI辅助景观设计的应用展现出了其在现代景观设计中的实际效果。本案例中对公园的功能定位是为周边居民提供休闲场所，同时满足儿童活动、老人健身和休息的需求。设计利用AI技术进行了以下方面的实际应用。

4.1 资料收集与项目前期策划

利用AI技术对各类数据进行收集和分析，如气候条件、文化元素、相关案例、植被数据等，基于这些数据AI可以有针对性地进行项目前期策划，如设计思路、设计要点、功能定位、设计目标、设计原则及主题等，为后续的景观设计工作打下良好的基础。

4.2 概念设计辅助

利用文字类AI软件生成图像类AI软件易于识别的提示词（prompt），如/imagine prompt a pocket park located at the intersection of urban roads, adopting a modern style with a layout that integrates element of Tianjin's canal culture, featuring streamlined designs. The park includes facilities such as children's playing areas, elderly fitness zones, rest squares, benches, pergola, site plan / bird's eye view rendering perspective view rendering，文字类 AI 生成的提示词相较于传统的翻译软件，上下文的翻译更准确，图片类的 AI 更易于识别。从而生成了多种概念的设计方案（图 1），包括不同风格、布局和功能设置的设计方案。通过机器学习算法分析大量的设计案例和数据，AI 辅助设计生成了多样化的设计风格，为设计团队提供了丰富的灵感和选择。

图 1 AI 辅助生成多种概念方案

图 2 AI 对方案的优化及鸟瞰效果图

4.3 方案优化与模拟仿真

利用 AI 优化算法对各种设计方案进行了快速优化和评估。通过模拟仿真技术，能够在虚拟环境中模拟出不同方案的实际效果（图 2），包括空间利用率（utility rate of space）、景观效果（landscape effect）和用户体验（user experience）等方面的表现，从而找出最优方案。

4.4 可视化展示

利用 AI 技术可以快速生成设计方案的可视化效果图（图 3~图 5），包括虚拟现实技术的应用。这些可视化效果图可以帮助客户更直观地理解设计意图，提高沟通效率和设计方案的可接受性。

4.5 可控化设计

针对传统的手绘线稿，AI 通过图像控制 + 文字秒速可以快速理解设计师本身的意图，如示例所示，我们通过增加提示词，叠加 ControlNet，并适当调整 ControlNet 的权重（weight）以及结束时间（guidance end），从而得到不同的设计结果。通过表格，我们

图 3 AI 生成场地春景效果图

图 4 AI 生成场地秋景效果图

图 5 AI 生成场地雪景效果图

会发现，权重对于线稿的呈现有较强的作用，而结束时间对于线稿的呈现有较弱的作用，且结束时间在 0.5 之后，对于线稿的呈现几乎没有影响。

通过以上实际案例分析，可以看出 AI 辅助景观设计在提高设计效率、优化方案设计和增强可视化展示方面的优势。这种技术的应用为景观设计行业注入了新的活力，为未来的景观设计工作提供了更多可能性和创新空间。

5　未来展望与发展趋势

随着人工智能（AI）技术的迅猛发展，AI 生成内容（AIGC）在景观设计领域的应用日益广泛。本文展示了 AI 在提高设计效率、优化设计方案和推动创新方面的显著作用。展望未来，AIGC 有望进一步革新景观设计行业，推动其向更加智能化、个性化和可持续化的方向发展。AI 将促进景观设计行业的跨界融合。随着 AI 技术的不断成熟，景观设计将与建筑设计、城市规划、环境工程等领域深度融合，形成更加综合和系统的设计解决方案。这将推动整个设计行业的进步和发展，开创更加美好的未来。

海绵城市在北方缺水地区的适应性与建设路径研究
——以唐山市公园项目为例

陈晓晔　魏莹

1 研究背景

当前，我国高速城镇化建设不仅带来了社会进步和经济发展，所衍生出的环境问题也在逐渐显露，原生生态系统被破坏，水系林地退化，耕地面积和城镇绿化面积减少，地表硬化导致的雨水下渗能力衰退等一系列问题，是导致城市"逢雨必涝、雨后即旱"的直接原因。

海绵城市是新型城市雨水管治理念，其中心思想是利用城市绿地、道路等构建低影响开发雨水系统，从源头分散雨洪压力、控制水质污染、恢复自然的水文循环，将雨洪转化为可持续利用资源。深入推进海绵城市建设是践行国家生态文明发展之路的必然选择，亦是解决当前各种水问题综合征的切实举措。

2014 年 10 月，住房和城乡建设部出台了《海绵城市建设技术指南》，同年 12 月，住房和城乡建设部、财政部、水利部三部委联合启动了全国首批海绵城市建设试点城市申报工作。2021 年全国系统化全域推进海绵城市建设示范城市。海绵城市建设在全国范围内快速推进。

我国幅员辽阔，各地的气候、水文、地质等自然条件差异极大，不同地区需要根据自身特点，

因地制宜地制定、实施有针对性的海绵城市建设策略和措施，才能切实发挥海绵效能，解决城市雨水管治问题。本文主要针对北方城市特别是缺水地区城市的环境特点，结合实际案例，探讨适合北方缺水地区海绵城市景观的建设路径和实施举措。

2 研究样本

本文选取唐山市为研究样本。通过梳理总结海绵城市技术在唐山市城市景观设计中的实践应用，探讨在北方缺水型城市将海绵城市理念融入景观设计的途径与应用策略，实现海绵城市景观设计的精准性与在地性，推进海绵城市建设的迭代升级。

2.1 水资源禀赋

按照国际公认标准，人均水资源低于 3 000 m³ 为轻度缺水，低于 2 000 m³ 为中度缺水，低于 1 000 m³ 为重度缺水，低于 500 m³ 为极度缺水。唐山市水资源禀赋总体较差，人均水资源量为 308 m³，不足全国平均水平的 1/6，属于极度缺水地区。在北方缺水型城市中居中游水平，具有一定的代表性。

2.2 气候特征

唐山市属暖温带半湿润季风型大陆性气候，具有冬干、夏湿、降水集中的特点。冬季受西伯利亚冷气团控制，寒冷干燥，降水稀少；春季受大陆性变化气团影响，降水不多，蒸发量增大，往往形成干旱天气；夏季由于太平洋副热带高压脊线位置北移，促使西南或东南洋面上暖湿气流向北输送，成为主要降水季节；秋季逐渐进入秋高气爽的少雨季节。

2.3 降雨特征

①年降雨特征：根据近30年（1991—2020年）气象站年降雨数据统计，唐山全市年平均降雨量为553.1 mm，多年平均年蒸发量为1 055.9 mm，是年降雨量的1.91倍（图1、图2）。

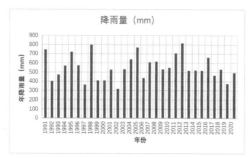

图1 唐山市近30年逐年降雨量分布图

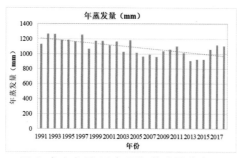

图2 唐山市近30年逐年蒸发量分布图

②月降雨特征：唐山市降雨受气候条件的影响，5—9月份降水占全年总量的84.67%，其中7—8月为主汛期，降水量占全年的54.01%。全年3—

9月，月蒸发量超过80 mm，占全年蒸发总量的75.3%，月降雨量远小于月蒸发量。

③日降雨特征：根据唐山市气象站提供的1991—2020年日降雨数据系列分析，年均降雨（降雨量2 mm以上）天数共1065天，超过20 mm的年均日降雨量天数为240天，超过40 mm的年均日降雨天数为82天，近30年最高日降雨量出现在2012年7月22日，24小时降水量达172.4 mm（图3）。

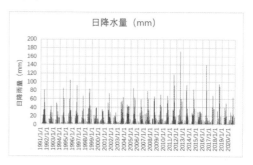

图3 唐山市近30年逐日降雨量分布图

综上所述，唐山市为典型季风型大陆性气候，四季分明，冬季寒冷，夏季炎热。气候相对干燥，降水量年内分布不均，雨季集中在6—9月，常出现春旱夏涝，具有华北地区城市的典型特征。

2.4 海绵城市建设

2021年6月，唐山市成功入选全国首批系统化全域推进海绵城市建设示范城市。作为河北省首个全域推进海绵城市建设示范城市，唐山市聚焦源头减排、城市防汛、水质提升、非常规水资源利用等重点领域，谋划了200个海绵城市建设项目，覆盖建筑社区、道路广场、公园绿地、水系等7大类型。在水安全、水生态、水环境、水资源等方面实现规划目标，落实绿色高质量发展，打造北方城市"城水共兴"的海绵城市典范，发挥示范引领作用。经过3年连续建设，唐山市已经陆续建成一批海绵示范项目，取得了一系列具有推广价值的实操经验。

3 研究要点

根据北方缺水城市环境特点，结合实际案例确定三大研究重点，即合理的海绵技术路径、透水铺装材料选择以及海绵植物景观应用。

3.1 海绵技术路径

海绵城市的技术路径通常遵循"滞、渗、排、净、蓄、用"六字方针，根据项目类型各有侧重。唐山市作为北方缺水地区，其海绵城市建设结合气候特点和水资源禀赋，更加突出对雨水的有效存蓄和利用，注重水景设施的慎重合理使用。

3.1.1 雨洪资源的蓄存和利用

唐山市属极度缺水地区，对于非常规水源包括雨洪水资源的利用非常重视，根据《唐山市海绵城市中心城区专项规划（2021—2035年）》，到2025年唐山市雨水资源利用率不低于1.5%，到2035年要达到2.3%。因此雨水存蓄型海绵设施的使用是唐山市海绵城市建设的重点。由于气候原因，唐山年蒸发量是降水量的近2倍，采用明池蓄水蒸发损耗大，综合考虑雨水利用率、施工便捷性和工程造价等因素，以雨水模块为代表的暗池型蓄水设施得到广泛使用，将其作为绿地灌溉用水和景观用水的水源补充。

以唐山凤凰山公园改造提升项目为例，公园北部、西部区域地表径流均利用现状人工湖明池蓄水，以山体、高大建筑和树木遮蔽阳光，减少水分蒸发。其余区域雨水分别从西南、东南、东北方向通过雨水管网汇入PP蓄水模块，净化存蓄用于绿地灌溉，总容积为1 940 m³，雨水回用量达19 714 m³/年（图4），可以满足约1 900 m²绿地的年灌溉用水需要。

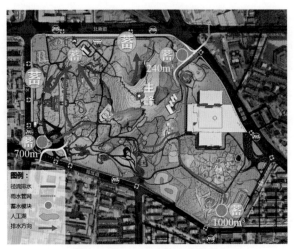

图4 唐山凤凰山公园蓄水设施分布图

3.1.2 景观蓄水型海绵设施的使用

蓄水型海绵设施包括湿塘及雨水湿地、蓄水池、雨水罐等。其中湿塘是海绵城市建设中经常使用的存蓄和净化型海绵设施，通常以湖、塘等景观水面的形态作为海绵项目中的景观亮点。但湿塘的正常运行需要长期保持有水状态，以保证水生生物的存活生长和水体景观效果。唐山市的气候特点是干燥少雨，自然降水期短促集中（6—9月）。因此为保证湿塘生态功能与景观效果稳定，在非降水期需要不断补水（特别是春季），进一步加剧了城市的水资源紧张。对于此类景观蓄水型海绵设施，应综合考虑使用需求、景观重要程度、场地雨水存蓄能力以及运维成本，谨慎使用并合理控制其规模。以唐山凤翔公园为例，原方案中设计占地达6 000 m²景观湿塘，年补水量约3 600 m³，经综合考虑，改为大型雨水花园和下凹绿地（图5），更加契合北方缺水型城市的自然禀赋特点。

3.2 透水铺装材料

透水铺装材料是实现城市硬质下垫面雨水渗透的主要海绵城市设计技术手段，正确选择透水

图 5 唐山凤翔公园方案对照图

铺装材料是确保海绵项目成功的基本要素。按照施工工艺和外观，透水铺装材料分为现场摊铺型透水材料与预制块材型透水材料两大类型。不同材料各具优势，需要根据项目具体情况衡量比选，合理运用（表 1）。

3.2.1 现场摊铺型透水材料

①优点：便于机械施工，适用于大面积场地快速施工；材料可塑性强，适合于线形流畅、形状复杂、颜色丰富的场地。

②不足：现场摊铺型透水材料主要由骨料颗粒和黏合剂构成。为保证材料的透水性能，骨料粒径一般较大以留出毛细管路通水透气。黏合剂的黏接性能和耐久性、施工现场温湿度以及施工工艺水平都成为影响成品强度与耐久性的关键因素。同时北方地区四季鲜明，温湿度变化明显，特别是冬季冻胀变形和冻融交替产生的土壤不均匀沉降对于摊铺型透水材料的破坏，容易导致变形开裂、起沙甚至骨料剥落（以透水混凝土最为明显）。此外部分摊铺型透水材料如沙基透水材料，抗冲击性能弱，运动场、行车路面等高荷载铺装使用

表 1 唐山常用透水铺装材料性能评价表

技术指标 材料名称	透水性	强 度	耐久性	工艺要求	美观程度	工程造价	适用范围
透水沥青	○	●	●	●	◎	◎	广泛
透水混凝土	●	●	○	◎	○	○	广泛
透水胶黏石	○	◎	○	●	●	●	受限
沙基透水材料	●	○	○	●	●	●	受限
烧结型透水砖	○	●	●	○	◎	◎	广泛
非烧型结透水砖	●	◎	◎	○	○	○	广泛

注：图例 "●" 高，"◎" 中等，"○" 低

受限，设计时需要综合考虑该类材料的适用性。如唐山凤翔公园的南入口人行通道采用了有弹性、行走舒适的沙基透水材料，而主园路和运动场则使用了抗冲击性更佳的透水沥青。延长针对冬季施工低温环境，养护期应适当延长，确保质量。

3.2.2 预制块材型透水材料

①优点：质量稳定，施工工艺简单，便于维护更换，适用于各种规模场地。

②缺点：对图案复杂以曲线为主的项目适应性较差，需要现场切割破料，容易造成材料浪费，外观效果不易把控。

3.3 海绵植物景观

植物材料是海绵设施对雨水发挥生物净化效能的基础，也是海绵景观重要的组成部分。在北方缺水地区选择海绵植物需要适应"春旱夏涝""干湿交替"的立地条件以及四季分明的气候特点，兼具耐寒和耐短期淹泡的习性，本土植物更具优势。

以唐山地区海绵植物为例。草本植物湿生植物较多，耐淹泡能力强，适用范围广，可应用于2种或2种以上海绵设施中，是对雨水径流发挥生物净化效能的主要力量，包括水葱、黄花草木樨、耧斗菜、佛甲草、薹草、大花金鸡菊、蛇鞭菊、紫菀、穗花婆婆纳、大花萱草、鸢尾、蒲苇、狼尾草、花叶燕麦草、石蒜、葱兰、睡莲、荷花、千屈菜、香蒲、黄菖蒲、芦苇、蒲公英、万寿菊、细叶结缕草、百慕大草、早熟禾、高羊茅、芦竹、宿根福禄考、酢浆草、三棱草、红蓼等33种植物。大部分木本植物，特别是乔木耐短时淹泡，适用于下沉绿地，担负植物景观主干，包括红皮云杉、圆柏、悬铃木、白榆、金叶榆、栓皮栎、黄栌、青桐、楸树、君迁子、海棠果、西府海棠、白梨、杜梨、刺槐、皂荚、沙枣、丝棉木、沙地柏、金银木、珍珠花、溲疏、紫丁香等。部分耐水湿木本和藤本植物适合滨水绿地和雨水花园，如水杉、旱柳、馒头柳、龙爪柳、绦柳、金丝垂柳、元宝枫、构树、枫杨、桑树、苦楝、白蜡、水曲柳、洋白蜡、绒毛白蜡、紫穗槐、胡枝子、沙柳、红瑞木、多花枸子、郁李、爬山虎、紫藤、凌霄等。

4 结束语

本文以唐山市为研究范例，通过总结海绵城市项目建设的实践经验，围绕海绵技术路径、铺装材料和植物景观三大研究重点，对在北方缺水地区开展海绵城市建设的技术要点提出针对性建议：建立以雨水存蓄与合理利用为重点的技术路径；正确选择透水铺装材料；配植以草本植物为基础的海绵植物景观。通过一系列行之有效的措施，唐山市切实发挥了示范城市的引领带头作用，确保在北方地区特别是华北地区实现海绵城市景观设计的在地性、实操性、集约性，可复制，可推广，推进海绵城市建设理念与技术的迭代升级，助力建设安全韧性、优美宜居的人民城市。

探索北方滨海盐碱地绿化的可持续实践

周华春 陈楠

1 引言

滨海盐碱地，作为一类特殊的生态环境，其生态特点与问题尤为突出。这类土地通常富含盐分，土壤pH值偏高，导致植被生长困难，生态脆弱。相关数据显示，滨海盐碱地的植被覆盖率普遍低于非盐碱地，生物多样性也相对较低。这种生态特点使得滨海盐碱地的绿化实践面临诸多挑战。

盐碱地的盐分含量是影响植被生长的关键因素。盐分过高会抑制植物对水分的吸收和利用，导致植物生理功能紊乱，甚至死亡。因此，在绿化实践中，如何有效降低土壤盐分含量，提高土壤质量，是亟待解决的问题。

长期以来，世界各国致力于盐碱地的开发利用，取得了巨大成效。无论哪一个国家都是从改土、排盐、控水做起。我院多年以来在北方滨海盐碱地改良与利用方面积累了丰富的实践经验，针对具体项目，从地形塑造、植物选择及搭配、控排盐工程、客土改良、原土改良等方面进行尝试，取得了一定成效。

本文分析了北方滨海盐碱地特质及景观营造障碍，梳理总结了盐碱地土壤改良及生态技术，结合相应技术工程措施及耐盐碱植物的选取方法，为相关项目设计提供技术支撑。最后，以多类型项目为例，阐述了盐碱地综合改良技术在景观营造中的应用，为北方滨海盐碱地的景观营造提供设计思路和技术参考（图1）。

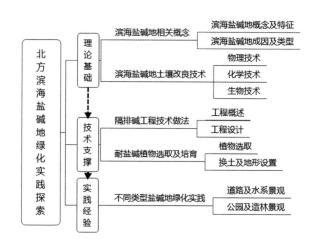

图 1 北方滨海盐碱地绿化研究方法体系示意图

2 盐碱地类型及绿化障碍因素

2.1 盐碱地概念及分类

2.1.1 盐碱地概念

在自然气候和地理条件下，水分蒸发使得土壤中盐分富集，土壤酸碱失衡，由此形成的一种不利于植物生长的土壤即为盐碱地。习惯上所说的盐碱地，实际是盐化土、盐土、碱化土、碱土的总称，也称为盐渍土，尤其指含有过多的易溶性盐类或交换性钠离子，以至危害植物正常生长或只能生长耐盐碱植物的土壤。

2.1.1 盐碱地分类

盐碱地分为碱土和盐土，根据盐碱度可分为轻度、中度、重度盐碱地和盐土（表1）。轻度盐碱地的含盐量在3‰以下，出苗率约为70%～80%，易开发利用；重度盐碱地含盐量超过6‰，出苗率低于50%，难以直接利用；含盐量居于两者之间的盐碱地为中度盐碱地。盐碱程度越高，出苗率越低；重度盐碱地需先改良土地再种植；在中度盐碱地或有加重趋势的轻度盐碱地种植适宜植物，可有效改善盐碱土现状。

表 1 盐碱地根据含盐量分类

盐碱地分级	土壤含盐量	pH 值
轻度盐碱地	0.1%~0.3%	7.1 ～ 8.5
中度盐碱地	0.3%~0.6%	8.5 ～ 9.5
重度盐碱地	0.6%~1.0%	≥ 9.5
盐土	≥ 1.0%	

2.2 北方滨海盐碱地绿化障碍因素

2.2.1 化学障碍

盐碱地土壤含盐量高、碱度大，高盐渗透胁迫导致植物水分损失、Na^+ 等离子的积累致使植物细胞中毒，高pH值影响植物养分吸收和正常生长。

2.2.2 物理障碍

盐碱地土壤通气性差、结构黏滞、容重大、毛细作用强，影响植物出苗、根系生长和养分吸收。

2.2.3 养分障碍

盐碱地土壤自身养分含量少，且高pH值和恶劣的物理结构限制了植物对养分的吸收。

3 北方滨海盐碱地区绿化土壤改良及生态技术

从广义来说，盐碱土改良与利用包含两个方面：其一，是将土壤的含盐量降低到植物能适应的程度，即我们常说的水利工程措施、农业措施及碱性土的化学改良等；其二，就是提高植物的耐盐能力，以适应土壤的盐碱环境。

3.1 土壤改良技术

盐碱地的改良方法主要有物理改良、化学改良和生物改良。其中，物理改良见效快，但成本高，不可持续；化学改良在降低土壤盐度碱度、改善土壤理化性质的同时，可能给土壤带来二次污染；生物改良因其投资少、无污染、可持续性强等特点，已被越来越多的国家和地区承认和接受，优良的植被体系可以改善盐碱土壤理化性质，促进植物生长。

3.1.1 物理改良

物理改良措施是通过平整土地、抬高地形等对土层的处理，达到整改土壤和排盐的效果。盐碱地土壤物理改良可分为传统改良技术和现代改良技术。

（1）传统物理改良技术

传统物理改良技术主要是平整地面、造坡排水、灌水洗盐，深耕晒垡、及时松土、透水保墒、抑制返盐，封底换土、客土抬高，微区改土、大穴整地。

（2）现代物理改良技术

现代物理改良技术主要是铺设暗管和淋水层、铺沙和覆盖等，通过调控土壤水盐运动和物理结构，抑制地表水分蒸发，增强淋水洗盐。

3.1.2 化学改良

化学改良盐碱地主要是指向盐碱地的土壤中加入一些改良剂，通过改良剂的化学作用降低土壤pH值，优化土壤结构。化学改良剂一般可分为钙质改良剂、降碱改良剂（酸性物质）、矿物资源改良剂和有机改良剂等不同类型。对盐碱土增施化学酸性肥料，如过磷酸钙、磷石膏、黑矾等物质，达到中和碱性、改良土壤的目的，也可施入适量的矿物性化肥和有机物质，如泥炭、醋渣、锯末、糠酸渣等。

3.2 生态修复技术

生态修复技术是着眼于盐碱环境，运用生态修复原理，充分挖掘盐生动植物潜力，对盐碱地进行修复的方法。该技术可以变不利因素为有利条件，促进盐碱地区农业和生态持续健康发展。

通过种植一些耐盐碱植物，可以有效改善土壤结构，增加土壤有机质，加强土壤渗水涵水能力。生物改良是改善盐碱的重要方法之一。相较于物理与化学改良，生物改良方法更加简单环保，投入成本低，能够更为彻底地解决盐碱地的土壤盐碱化问题。景观营造要求植物品类比较丰富，且具有一定的观赏度，所以仅仅利用生物改良是不够的，需要结合物理改良与化学改良，使得土壤条件适合更多的植物生长，创造更加丰富的植物景观。

通过平整土地，开沟降水，淡水冲刷，机械滴灌等措施初步排盐降碱，然后利用高耐盐碱真盐生植物的吸盐、泌盐作用，降低土壤的盐碱性，同时搭配栽植较耐盐碱盐生植物，进一步对盐碱地土壤进行改良，最后通过兼性盐生植物播种与栽植，提高适于土壤环境植被的多样性与稳定性。如：种植稀盐盐生植物，种植耐盐绿肥和牧草，有条件的地方还可以利用动物及有益微生物进行修复。

生态改良盐碱地模式，投资小、效果稳定，不仅可以降低土壤盐分，而且能够培肥地力，只要植物种类选择得当，还能有一定的经济收入，但该模式见效较慢，而且仅耕层土壤脱盐效果明显，因此，该模式的应用关键是要选择具有经济效益的盐生植物种类。

4 北方滨海盐碱地绿化改良工程技术做法及耐盐碱植物的选取

4.1 隔排盐工程技术做法

4.1.1 工程概述

盐碱地的一大特点就是地下水位高。带有盐碱的水分通过土壤毛细管作用上升到地表，水分蒸发后，盐碱会滞留在地表，给绿化工作带来很大困难，因此布设合理的排水管网，降低地下水位，是搞好盐碱地绿化的治本措施。在绿化规模较小，但景观地位较为重要的绿化区域，如花坛、树池、花台、花镜等处，可设隔离层来减轻盐分对植物的损害。

隔排盐工程首先需选择合适的隔盐层。隔碱层的作用是防止盐碱地底部原有盐分上升。其中，透水隔盐层也称为淋水层，是以液态渣、卵石、碎石等块状颗粒材料铺设的阻断层和缓冲层；不透水隔盐层是以复合土工膜、塑料薄膜、膨润土防水毯等不透水材料铺设的隔离阻断层。排盐工程中多采用淋水层，隔盐工程中可采用不透水隔离层。在铺设隔盐层时也需考虑地下水高出隔盐层，水分横向运动及植物根系后期扩张的问题。排盐渗管主要有PVC穿孔管、软式透水管、钢丝骨架透水管等，在淋水层下设置渗管沟，排盐渗管设置在渗管沟内，以一定坡度坡向于排盐干管或排盐检查井。

4.1.2 设计原理

制定隔排盐工程设计方案时需先根据场地土壤勘察调研情况，建设投资和预期绿化效果等因素综合确定设计方案。在景观园林中多采用换土、原状土改良及与渗管排盐结合的方式。排盐即设置淋水层和排盐盲管使地下的盐碱水通过排盐渗管排放出去，使其无法再侵入改良后的土壤，从而保证土壤的盐碱平衡。渗管排盐工艺可以持续调控地下水水位，遏制土壤次生盐碱化，促进盐土快速脱盐，及时排除沥涝，并可有效将地下水控制在需要的深度范围，通过自然降水和人工浇灌调控土壤的盐分含量。

排盐系统主要由种植土、淋水层（隔离层）、无纺布、排盐沟、排盐渗管（盲管）、排盐检查井等组成。排盐管设置在排盐沟中心位置，淋水层有 15~20 cm 厚，淋水层上部为种植土，中间设置无纺布隔离。

4.2 耐盐碱植物的选取及培育

4.2.1 植物选取

选择适宜的乔木树种作为骨干树种或基调树种，是北方盐碱地区城市园林绿化的重中之重。针对盐碱地的特殊环境，科研人员通过大量的试验和筛选，成功培育出了一批适应性强、生长迅速的耐盐碱植物品种。这些植物不仅能够在高盐度、高碱度的土壤中生长，而且能够有效地吸收和固定土壤中的盐分，从而改善土壤环境。

经过不断地筛选尝试，目前常用于盐碱地绿化的植物主要分为乡土盐生植物和具有一定耐盐碱性的园林绿化植物。

（1）乡土盐生植物

竹柳、耐盐枸杞、柽柳、沙柳、沙枣、桂香柳、百刺、柠条、白柠条、西伯利亚百刺、碱地肤、二色补血草、盐地碱蓬、猪毛菜等。

（2）园林绿化植物

①落叶乔木：毛白杨、垂枝榆、国槐、香花槐、龙爪槐、洋槐、法国梧桐（悬铃木）、白蜡、旱柳、垂柳、馒头柳、苦楝、楸树、黄栌、金丝柳、光叶漆、柿树、红叶椿、臭椿、合欢、皂荚、白榆、金叶榆、金枝槐、栾树、刺槐、火炬树、杜梨、泡桐、枣树、复叶槭、白柳、乌柳、美国蔷薇、山桃等。

②常绿乔木：油松、黑松、侧柏、龙柏、桧柏、圆柏、黄杨等。

③耐盐碱灌木：紫穗槐、紫叶李、蔷薇、榆叶梅、紫荆、珍珠梅、木槿、玫瑰、丁香、金银木、花石榴、果石榴、西府海棠、连翘、大果蔷薇、迎春、月季、秋葵、百合、射干、枸杞、紫叶矮樱、黄刺玫、藤本月季、华北忍冬、剑麻、文冠果、绣线菊、紫叶小檗、金叶女贞、贴梗海棠、榆叶梅、大叶黄杨、胶东卫矛、小叶黄杨等。

④耐盐碱藤本：金银花、地锦、凌霄、扶芳藤等。

⑤耐盐碱地被：白三叶、金叶莸、八宝景天、马蔺、德国鸢尾、紫花苜蓿、葱兰、矮生地被菊、金娃娃萱草、红运萱草、玉带草、沙地柏、天堂草、酢浆草、狼尾草、三七景天、费菜、互生叶醉鱼草、醉鱼草粉花、醉鱼草红花、醉鱼草紫花、假龙头、菊芋、彩叶芒、佛甲草、观赏谷子、彩叶玉带草、花叶芦竹、芦竹、芦苇、二月兰、野菊、马尼拉草、黑麦草等。

4.2.2 换土及地形设置

抬高地形，结合植物特性和地下水位相对高度确定换土厚度。一般盐碱地地下咸水层水位较高，低洼地或盐碱比较严重的地方，可根据地下水位和盐碱程度将地面适当抬高，并将原地表以下的盐碱土取出约 30 cm，然后用客土填至种植所需高度，客土表面覆盖厚沙、树皮等。降低地下水的相对高度，从而减轻盐碱侵害。

四周不具备排水条件的绿地，可采用客土抬高地面下设隔离层的方法，利用高差进行排水淋盐，达到改土的目的。客土抬高高度遵循土壤临界深度减去地下水位深度即可。

5 北方滨海盐碱地景观设计实例分析

以近年在山东省滨州北海经济技术开发区及

天津滨海地区实际进行的项目为例，对北方滨海盐碱地绿化经验进行总结归纳。

5.1 道路及水系景观——滨州北海大街景观设计

5.1.1 项目概述

北海大街是横贯滨州北海经济技术开发区的东西向跨区域城市主干道，设计中同样需要解决此区域的普遍性难题：一是土壤的盐碱化，二是植物的选择及植被群落构建，三是控制整体造价。在此项目中，主要结合以上三点，设计一条适合此区域场地的道路景观（图2）。

图 2 场地现状

5.1.2 景观设计特点

分级应对：结合上位规划对景观的需求，分别采取排盐换土、隔盐换土、抬高地形、原土改良四种方法分级应对盐碱土壤，并针对四种不同

设计分区，进行差异化植物品种选择及植被群落构建（图3、图4）。

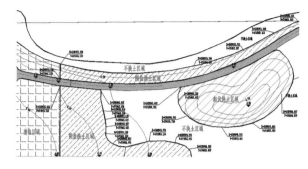

图 3 分级应对土壤盐碱

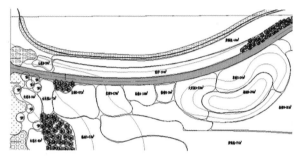

图 4 差异化构建植被体系

（1）排盐换客土处理及区域种植

在重要道路节点，采用传统铺设排盐盲管的排盐做法，换种植客土，确保植物的景观效果，实现精细化满足植物景观对土壤的需求。

排盐区域集中在主要观赏节点及主要观赏面，设计观赏性较强的精细化组团植物，注重植物的开合有致，兼顾四季景观。要求在排盐基础上，植物能正常生长，耐轻度盐碱土壤（图5）。

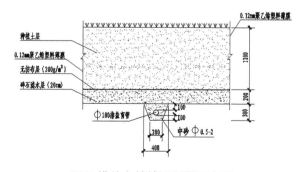

图 5 排盐盲管铺设剖面示意图

（2）隔盐换客土处理及种植

该区域设置隔盐层，隔碱层采用土工布复合膜(一布一膜)，规格为 400 g/m²，厚度为 0.35 mm，抗碱抗渗，耐久性好，产品选用要求符合国标标准。

铺设隔盐层时不得出现起伏，以保证水能顺利排出，不得积水。隔盐层边缘向外延伸 0.3 m，卷边处理。隔盐层上方全部为种植土，种植土高度需满足绿化要求。

隔盐区域布置耐中度盐碱的植物品种，注重异龄混交植物品种和乔灌草的群落搭配（图 6）。

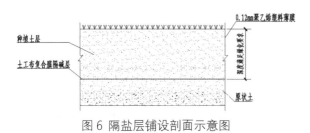

图 6 隔盐层铺设剖面示意图

（3）客土抬高地形及种植

根据道路景观整体空间架构，在局部利用客土抬高地形，下设隔离层，利用高差进行排水淋盐，达到改土的目的。

结合地形及客土厚度的不同，布置耐中盐碱的植物品种，控制整个道路景观的高点韵律节奏，以中等规格乔木为主，形成道路绿化景观结构的骨架体系。

（4）原土改良及种植

在临水岸及低地势区域，因地下水位高，不满足换土深度或换土效果不佳，所以采用原土整理地形的做法，仅做原土局部改良。将原土与土壤改良基质以适度的配比搅拌，该措施成本低、见效快、整体效果好。

根据项目特点，在土层薄、临水面、中后背景区域，设计一定的原土种植区，所选植物均为当地耐盐碱的本土盐碱品种，同时增加一定量的滨海耐盐碱水生植物。植物长势良好并对降低盐碱度起到一定的积极作用（图 7）。

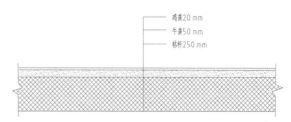

图 7 原土改良剖面示意图

5.2 公园及造林类景观——天津滨海官港森林公园景观设计

5.2.1 项目概述

该项目位于天津滨海新区大港北部，紧邻官港湖，该地块被现状沟渠包围，内部有数个现状养殖塘，场地最大的难题是土壤重度盐碱化以及项目需严格进行成本控制（图 8）。

图 8 场地现状

本次设计任务为因地制宜地运用乡土树种进行林相设计，构建盐碱地区特有的林地生境。

表2 场地现状条件统计表

绿地面积	42 hm²
降雨量	年平均降雨量560 mm，降水多集中在7、8月，两月降水量占全年总降水量的59.4%
蒸发量	年均蒸发量约1 200 mm，蒸发量在春秋两季最大
冰冻线深度	690 mm
土壤含盐量	土壤平均全盐含量为0.36%，局部地块全盐含量达到0.8%，属中重度盐碱地
土壤pH值	7.8
土壤紧实度	土壤总孔隙度为56%，容重为1.26 g/cm³
地下水水位	地下水水位在地坪线下2.1 m，周围现状为鱼塘及湖水。含盐量高，达到0.38%

5.2.2 景观设计特点

（1）土壤含盐量控制

对重盐碱地块（含盐量>0.5%）采取更换客土，对中度盐碱地采用土壤改良（物理、化学综合改良）的方式，并在全部种植土区域施作渗管排盐系统，对树阵区域采用树带沟排盐系统做法。

1）排盐控碱

结合现状土坑，设计水渠与水塘，通过涵管与周边沟渠贯通。水渠起到排水排盐的作用，水塘转变为储备水塘与景观水面。水陆面积比约为1:4（图9）。

2）塑造高林低水模式

挖塘取土，堆积台田，塑造高林低水模式。台田高于养护道路0.5~1.0 m。水渠设计水深1.5 m，驳岸采用素土放坡，坡度设计为1:2~1:3，河底宽≥0.5 m，设计水位低于地下水位（图10）。

新开挖水系一览表				
类型	长度	宽度	深度（高度）	面积
干渠		15~20 m	2.5 m	3.6万m²
支渠		8~10 m	2	0.6万m²
水塘	196 m	60~97 m	3~4 m	1.4万m²
合计				5.6万m²

图9 设计水系情况

图10 高林低水模式剖面示意图

3）铺设排盐盲管

每隔6 m铺设盲管一道。做法：改良原土－无纺布－排盐盲管（支管为De63或De80，干管为De200），排水坡度为0.2%（图11）。

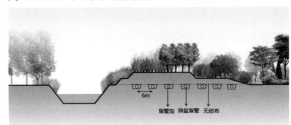

图11 铺设排盐盲管示意图

（2）植物选择与配置

①优选耐盐碱植物品种：共选30余种植物，

所选植物耐盐碱能力强、耐旱抗涝能力强、浅根性，具有改良土壤的作用。

②植物以小规格苗木为主，混龄栽植，异龄密植。滨海盐碱地区高盐碱、高水位、高矿化度、风速大、蒸发量大，植物生长相对较慢，因此造林宜适当密植，提早郁闭，降低风速，减少地面蒸发，保持土壤湿度，抑制土壤返盐返碱。

③林相设计采用近自然混交，控制乔、灌、常绿比为 3∶1∶1（图 12）。

④预留一定面积的林窗：林间空地栽植地被，点缀乔木，既有助于林地植物的生长，同时减少前期投资，更为后期公园游憩功能的完善留有弹性空间。设计林窗总面积约 6 200 m²，占绿地总面积的 4.3%。

6　结语

北方滨海盐碱地绿化实践面临着诸多机遇与挑战。随着科技的不断进步，土壤改良与盐碱地治理技术将更趋成熟，为滨海盐碱地的绿化提供有力支撑。然而，挑战同样不容忽视。随着全球气候变暖，滨海地区的盐渍化问题可能进一步加剧，对绿化实践提出了更高的要求。因此，我们需要不断创新绿化技术，提高植被的耐盐碱性，以适应未来滨海盐碱地环境的变化，为构建美丽中国贡献力量。

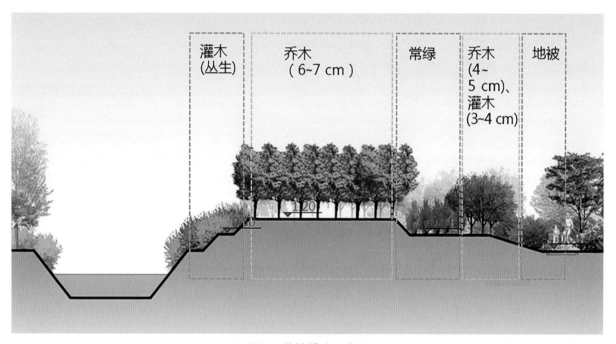

图 12　栽植模式示意图

"全运会"大事件背景下的城市景观提升策略

金文海

1 工程背景

2017 年第十三届全运会在天津举办。当这一城市大事件来临时，城市环境综合整治规划成为天津市迎全运各项准备工作的重中之重。这一过程要落实新发展理念，将节约、低碳、安全、环保理念贯穿始终，紧抓发展机遇，把服务天津城市事件与保障改善民生统一起来。推进城市有机更新，优化生态和生活环境，成为提升城市品位及建设美丽天津的有效途径。

2 工程概况

重点场馆及道路绿化景观提升工程是天津市迎全运城市环境综合整治的重点工程，工程范围主要涉及天津奥林匹克体育中心（图1）、入市重点口、全运村周边及迎宾线 26 条道路环境综合整治提

升，包括建筑立面整修、园林绿化、夜景灯光、道路家具配置等内容，实施全要素整治，多维度治理，全覆盖提升。工程涉及市内六区、环城四区以及静海区，道路全长约 196 km，绿化提升总面积为 90.7 万 m²。

3 工程设计理念及策略

作为城市景观提升型规划中的一种重要类型，该项目规划过程坚持精细化、精致化理念，突出迎全运城市事件景观，着眼于城市旅游形象，提高场馆、道路和游览街区的绿化品质，提升城市"美化、绿化、净化、亮化、序化"水平，实现市容面貌整洁靓丽、生态环境清新宜人的观光美感和良好印象。设计中运用"五个突出"规划策略：突出塑造每一条道路的个性特色，形成不同风格的鲜明形象，提升道路辨识度；突出植物景观色彩搭配，补植应季植物品种，形成事件景观的庆典氛

图 1 天津奥体中心实景

围；突出营造高标准的行道树序列，结合城市路网结构，形成秩序林荫绿廊；突出城市背景"佳则收之，俗则屏之"，对道路两侧城市背景进行梳理，针对优良的城市背景将预留透景线，而对劣质城市背景将通过密植绿带遮挡，充分利用植物透景、障景的手法，与环境协调益彰；突出完善景观细节和服务设施，强化以人为本服务功能。

4 工程设计特点

4.1 提高标准，讲求效果，科学建立城市街景绿化评价指标体系

基于 Arcgis 等数据处理分析平台，将街景图片的经纬度坐标与实际踏勘获得的空间数据进行关联，利用空间形态数据和街景图片数据建立街道空间品质量化研究的基础数据库，从城市街道的客观物质空间与主观感知认同的双重维度构建街道空间品质测度体系，包含路面可行性、设施便利性、路网通达性、功能多样性、步行安全性、空间舒适性、色彩丰富性及场所社交性 8 项评价指标。对具体的指标体系构建、权重赋值、总值合成等方面进行梳理提炼，形成了"景观舒适模式"城市街景绿化评价指标体系。

4.2 突破边界，突出重点，协调融合进行全要素系统治理

从简单化、模式化、传统的"画红线－研究制定设计方案"的设计模式，向增强针对性、创新设计理念和最终形成高质量的设计成果方面转变。开拓思路，减少条条框框束缚，弱化设计条件，增强设计边界，发挥想象空间，从单纯的以景观设计为目标向关注空间塑造乃至关注城市功能结构发展转变。景观提升过程中引入全要素城市道路街景提升设计理念，一是改变以往"就道路而做

道路"的"单一系统"建设理念，将道路作为一个城市整体空间来打造，将道路涉及的"6大系统，90项要素"进行统筹考虑，统筹设计，统筹施工；二是改变以往设计规范只满足功能上的要求，缺少品质提升方面指引的局面，制定分区分功能的高品质提升设计导则；三是重新将人的需求作为重要取向，兼顾步行和慢行系统的便利性和舒适性，实现由交通性道路向生活性道路的转变。

按照"标本兼治、治建结合、分级负责、网格管理、注重长效、严格考核、强化监管"的原则及"生态、精致、美观"的城市定位，进一步加大环境综合整治力度，全面实施街景改造工程，提升绿化品位，精塑建筑风貌，完善公共设施，净化城市空间，切实解决城市容貌方面存在的突出问题，使迎全运重点场馆及道路周边环境显著提升质量，高标准打造靓丽的城市形象（图2）。

图 2 天津道路提升模式设计

4.3 运用动态生长性景观策略，提高道路绿视率和绿廊氛围

道路绿化景观提升重点是对界面形态的控制，通过高标准林荫绿廊连续性的界面对沿街表面形态进行控制，林冠线、建筑天际线协调融合；按城市交通干道 60 km 时速测算景观尺度和核心关注的景观要素，建设初期道路两侧以密林式种植防护性呼应为主；发展期道路通过防护密林改造提升逐步显现绿地的景观性，形成动态生长性景观道路。

景观提升注重提高城市道路绿视率，合理配置常绿与落叶植物在道路绿化中的比例，优化丰富道路绿化的空间层次结构，注重垂直性和立体性绿化，保证绿视体验，提高绿视率水平。

4.4 突出花化、彩化氛围营造，开展应季花卉植物研究应用

我院将营造全运会大事件氛围作为规划的重要任务，紧紧围绕大事件营造氛围的特殊需求，进行了迎宾情景分析，提出具体的花化、彩化改造方案，制定出服务于天津全运会氛围的规划。在规划阶段，项目组积极调研并开展了全运会期间表现良好的天津植物选择课题研究。对天津市近 5 年引进的新优植物品种进行取样考察，以应季为 8 月下旬至 9 月下旬、表现良好的色叶树和盛花期灌木、花卉为主要调研对象，综合评价植株规格和形态、枝干健壮程度、叶片生长情况、病虫害影响 4 个标准，对植物长势进行分级分析；通过对斑块绿地、带状绿地、节点绿地、垂直界面等不同的空间类型的调查总结，对植物品种的适宜性和重要值做出图表对比；对老化退化植物品种取缔和替换，最终选取 68 种新优应季植物进行应用。规划设计同步考虑本次工程远期的社会效益、经济效益和服务价值，灵活运用移动装置和装配设备，合理优化和丰富节点景观，赛时以"激情、热烈、友谊"为主题，服务于选手和游客；赛后倾向于"生态、健康、活力"的氛围，便于市民休闲生活和健身运动，针对工程未来的影响和赛后利用做出评估和建议。

4.5 注重城市文化风貌环境品质，突出智慧科技元素

规划建设的重点从关注城市中的"物"的建设，向关注城市中的"人"的生活舒适性和幸福感转变。注重市民在城市空间中的体验，注重文化风貌环境品质营造，让生活在那里的人感到安全、方便、舒适，将城市街景塑造成高品质、富有生机、充满魅力的城市公共空间。在景观提升中尊重历史，延续文脉，考虑与城市的传统文化、社会经济以及地貌、环境、地方习俗相协调的因素，对于特定现状所限定的形状、标志物的主题、铺地材料及图案的特征以及植物的地方性等，在设计中都加以充分利用，运用形式、色彩、光影、地形、风貌等综合手段建构城市公共空间的个性。编制街景规划和设计方案，从地面到建筑立面和公共空间，因地制宜，突出路段特色，全方位、立体化实施改造出新。根据道路状况、功能配套、建筑风格、街道特性及人文环境等的不同，按照"一街一景、一路一特色"的原则，系统实施路面改造、绿化提档、立面美化、招牌整治、杆线入地、色彩规范、交通优化等工程。同时结合智慧科技元素，充分融合城市家具、街景小品、夜景亮化等要素，形成点、线、面协调呼应、相得益彰、特色鲜明的整体景观效果（图 3）。

图 3 天津奥体中心入口实景

塑造景观灵魂：核心景观建筑在风景园林中的统领作用

胡仲英　陈良　杨一力

风景园林建筑不同于一般意义上的建筑，规划设计时要充分结合其他园林构成要素才能呈现出完整的景观风貌。风景园林建筑不但要具备相应的实用功能，还要体现景观功能。主要景观建筑往往具有标志属性，常被作为构图的核心对全局起统领作用。它们历经岁月积淀形成了准文化遗产价值，不断提升风景园林的精神内涵和文化品质。

1　水上公园概要

天津水上公园坐落于中心城区西南部。建园前这里曾是天津旧城南郊八里台洼淀群（也称作"卫南洼"）的一部分，在明代就已经出现。水上公园总面积为 126.7 hm²，始建于 1950 年，因其主要由东、西、南三大湖与十余个岛屿组成，所以取名水上公园，有"北方小西子"之称。水上公园于 2004 年被国家旅游局评为 AAAA 级旅游风景区。2009 年，对水上公园进行了大规模景观提升改造，将其定位为"北方西湖，水上四季"，形成了风光秀丽、水波粼粼的风景名胜区。

2　眺远亭在水上公园中的位置经营

水上公园以水为"魂"，主要由大面积水面及岛屿组成（图 1）。作为主要景观建筑的眺远亭选址于接近全园中心位置的三岛。该岛平面近似方形，面积约 2 hm²，岛上偏西原有早期挖湖堆起的高约 5 m 的土山，可借势抬升主要景观建筑。此岛为全园游览路线的中枢所在，东西两侧湖面开阔，

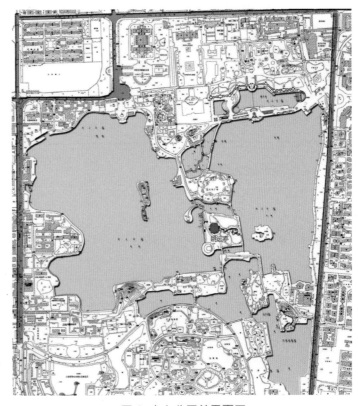

图 1　水上公园总平面图

南北两端四通八达。眺远亭选址于此，能够最大化地丰富公园的"景观"空间层次，同时全方位地拓展游人的"观景"视野角度。

3 水上公园对主要景观建筑的诉求

景观建筑以全局为立足点规划并构建整体景观，从而将园林设计的特色有效凸显出来，诠释设计意图。主要园林景观建筑必须与自然环境融为一体才能展示其效果，对公园景观风貌起着决定性作用。

3.1 弥补竖向构图

水上公园水面面积大于陆地面积，水面开阔，岛屿星罗棋布，园桥众多。自20世纪50年代初至70年代初，园内的总体林冠线、水面岸线、跨岛园桥及景观长廊等均呈横向构图，区域景观构图中缺乏竖向对比要素的支撑。

3.2 登高俯瞰远眺要求

登高远眺是国人游览古典园林的传统习俗，是游人基本的心理需求，也是造园者拓展景观空间的重要手段。主要景观建筑应满足登高观景的基本要求。

3.3 空间高潮节点

水上公园眺远亭是全园的一个制高点和空间高潮节点，其景观作用犹如中国古典园林中颐和园之佛香阁、

北海公园之白塔及避暑山庄之金山上帝阁等。

3.4 地标性建筑

水上公园是天津市中心城区规模最大的综合性公园，游人沿着长长的湖边园路行走，需要有一个较明显的主要景观建筑作标志性引导参照，以辨识方位。

3.5 意境载体

眺远亭作为主体景观，通过"景观"和"观景"作用，引发游人感悟与联想，结合建筑匾额及楹联，可成为表现文化意境的载体。

4 眺远亭的建筑设计

4.1 亭子名称的演变

眺远亭虽名为"亭"，实为利用原岛上土山地形因地制宜垒砌扩大平台，平台上建塔楼，塔楼上再立重檐方亭依次而成。查阅原天津市园林管理局设计处的科技档案得知，1972年施工图卷宗记载工程名称为"水上公园三岛塔亭"（图2、图3）。从建筑选址特别是名称"塔亭"二字，可见当时设计者对主要景观建筑的"高耸""登高""标志性""景观""观

 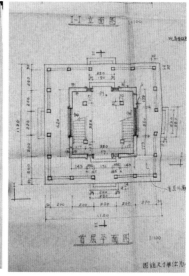

图2 眺远亭设计说明书（节选）　　图3 眺远亭首层平面图

景"等项目诉求的回应和彰显主题的设计思路。1973年建筑单体建成后，登塔亭可饱览水上公园的风光，全园美景尽收眼底，故将其命名为"眺园亭"。1988年依书画家范增游园后的题字，名"眺远亭"，眼界从有限的"眺园"放远到无限的"眺远"，使其寓意内涵更加深远。

4.2 单体的设计

眺远亭设计始于1972年秋冬，1973年建成。建筑为钢筋混凝土结构，正方形平面，分上、中、下三层，建于依土山地势用毛石挡土墙垒砌的扩大平台上，主入口面向公园水面最大的西湖。自岛上路面至眺远亭宝顶，通高26 m（图4）。

塔楼首层外部面阔五间，采用类似西式柱廊的立面形式，是吸收外来思想进行本土化设计的体现，通开间及通进深均为10.2 m，借原有土山地势增加高度，打造建筑"高耸"的形象。廊深2 m，柱廊顶部构成两层室外环形观景平台；内部为直达塔楼三层观景平台的方筒式的楼梯间；三层平台上部为钢筋混凝土三开间仿古重檐四角攒尖亭，绿色琉璃瓦顶及宝顶，在当时既是传统建筑文化的传承，又与全园总体清式仿古建筑风格基调协调。亭子方柱及梁枋顶板为白色，平台边缘围以白色仿清式风格混凝土望柱栏杆，取消栏杆地栿且栏板镂空，更显通透；中心方筒形楼梯间外墙为牙黄色，对比周围蓝绿色环境更显色彩明亮，建筑景点形象突出。除门洞外，其余各层各面的实墙均开设方窗洞，安装大型预制混凝土

图4 眺远亭东侧的山石、叠水、深潭、小溪及游憩场地

图 5 眺远亭东立面

花格漏窗；重檐四角攒尖亭通开间及通进深并不大，仅为 3.5 m，但设计时有意将首层檐柱及上檐童柱适当拔高，有效修正高耸建筑中近距离仰视观赏的视觉效果（图 5~图 7）。

5 眺远亭的景观统领作用

眺远亭位于全园的中心位置，通过地势的抬高及建筑塔楼自身的拔高，形成公园的风景构图中心和视线焦点，与其他的堤桥长廊等园林元素构成多样的主从关系。眺远亭矗立于苍翠碧波之中，更显高耸巍峨，富有艺术上的感染力，是天津市

图 6 眺远亭扩大平台西侧
主入口（网络照片）

图 7 眺远亭下部细节

园林诸景观中的标志性建筑（图8）。

从观景角度，游客可在不同的方向和高度眺望全园美景及园外城市轮廓，站在亭上，春赏姹紫嫣红，夏观莲花吐艳，秋望五彩缤纷，冬看雪韵飞鸥。

从景观角度，沿水上公园湖畔长堤，可从不同角度的整体景观构图中显现绿树丛中眺远亭的身影，因此眺远亭常被游人作为照相取景的背景。眺远亭在水上公园的总体布局和整体景观构图中有着其他一般景观建筑不可替代的作用（图9）。

6 眺远亭的当代文化遗产价值

眺远亭建成50年来，作为水上公园的标志性建筑，成

图8 水上公园自东湖看三岛竖向眺远亭与七孔桥横向的构图对比（网络照片）

图9 水上公园航拍自东湖鸟瞰三岛眺远亭及西湖湖心岛（网络照片）

为时代打卡景点，出现在很多家庭的照片里，出现在20世纪80年代的笔记本封面上，出现在明信片里，更印刻在人们的记忆里，为后人留下了精神层面的文化遗产。

1988年著名书画家范增先生游水上公园，登亭眺远，畅神抒怀，兴酣落笔，书写"眺远亭"匾额，寓登高远眺、高瞻远瞩之意，悬于塔楼西侧入口；两侧由津门词坛名家寇梦碧撰文楹联"凭栏寄遐思揽月九天应把袂，临流摅壮志乘风万里快扬舲"，借登高眺远表达志向，抒发豪情。楹联字体是天津著名书法家王坚白88岁时所书的章草，古朴灵动，章法自然（图10）。

塔楼另一侧是由书法家华非所题写的"游目骋怀"，两侧楹联用"晴里飞云半湖雨洗去三百五日辛苦，忙中生暇一钓丝牵来七十二沽烟霞"来表达游园的心境。拾级而上，在眺远亭顶层，水上公园美景尽收眼底。面向东湖，方亭明间悬挂匾额"光风霁月"，楹联"意随流水远，心与白云闲"，字体色泽清新风雅，内容隽永悠长（图11）。面向西湖，红色匾额楹联自然醒目，"仙寿"二字更是集红学家周汝昌先生字，楹联"仰眷仙境驰月域，高步烟墟入太清"则由于明善先生书写（图12）。这些楹联匾额，有的借景抒发胸臆，有的表达哲学思想，为眺远亭赋予了浓郁的文化气息。

在水上公园三岛眺远亭旁不远处绿地中有卧石，其上题有"水上泛舟扶棹，亭中眺远凭栏"石刻，用文学上的对仗句以书法碑刻的形式，恰当地诠释了公

图 10 塔楼主入口"眺远亭"匾额及楹联　　图 11 眺远亭东面顶层匾额楹联　　图 12 眺远亭西面顶层匾额楹联

园的"水上"特色和眺远亭的地位，并在时空和意境上产生了很好的呼应关系。

作为将自然美景与历史人文相结合的典范，眺远亭是天津近现代重要史迹和天津园林景观中具有重大影响的标志性建筑，2013 年被南开区人民政府公布为南开区文物保护单位，2021 年被天津市文化和旅游局评为"津门网红打卡地"。50 多年时光更替，眺远亭一直保持独有的姿态，如今它又不断以新的形式延续并丰富着水上公园的文化印记，成为当代具有典型艺术特色的时代印记和文化积淀，经过较长时间检验，可作为值得保护传承的风景园林公共空间和公共景观，以其持续的内涵、风貌及不断积淀的风景园林准文化遗产价值陪伴更多的人成长。

7　小结

水上公园眺远亭建设于 20 世纪 70 年代初，受当时经济条件和建设资金的限制以及材料、技术及审美方面的局限，建筑呈现出典型的时代特征。以今天的眼光来看，当初在局部把控、节点处理等方面还有许多不足和缺憾，一些建筑部件已表现出岁月的沧桑。但对于许多天津人来说，水上公园曾经是记忆中唯一的公园，当年去水上公园登眺远亭俯瞰全园、眺望远方曾是一种奢侈的享受。流年划过，光阴荏苒，水上公园眺远亭承载着一代代天津人的乡愁记忆，成为天津人心中精神家园的图腾。

水上公园建成开放后，特别是新世纪以来，社会环境变化、生活习惯和生存状态的转变，与公园一成不变的游览模式和日渐陈旧的园容景观形成巨大落差，在这个大背景下公园面临着一次又一次的提升改造。虽然经历了 2002 年、2003 年和 2009 年三次大规模提升改造，但公园仍旧保持了原有总体规划格局、自然亲水特色及园林建筑风格，特别是凝聚着前人心血与智慧的标志性景观建筑眺远亭，历经半个世纪，以其特有的文化内涵积淀和完整的空间整体风貌景观价值被社会认可，获得了较高的知名度。眺远亭历经岁月洗练成为经典，作为生动鲜活的教科书，启蒙了一代代风景园林入行从业的后来者，产生的文化效益、社会效益对行业发展具有引领示范性作用。

探寻园林建筑的绿色审美

——陶土板幕墙在外檐系统中的应用研究

鲍德颖　尹伊君　扈传佳

幕墙是建筑的外围护结构，从诞生伊始仅仅作为建筑外承重墙的替代物，承担美化建筑外观的单一功能。但现在，幕墙越来越向多元纵深发展，既彰显建筑内在个性，突出建筑地位，又与城市环境和谐共处，让建筑物内外交互更为自在。幕墙早已跳脱出了建筑的范畴，被赋予越来越多的时代特征，用各异的姿态诠释多彩的建筑性格，热情跳跃，抑或沉稳内敛，自由洒脱，也可以委婉动人。

随着科技的发展，建筑外装饰材料日益增多，各种材料都以其独特的魅力吸引着设计师们的眼球，陶土板就是其中的一种。陶土板幕墙是选用陶土板作为建筑物装饰面板的一种新材料幕墙。陶土板幕墙结合了陶制品永恒不变的特征，与现代幕墙技术融为一体，既蕴含着几千年古老中国的传统陶文化，又赋予了建筑物庄重而强烈的艺术美感，是传统原料与现代建筑巧妙完美的结合。

天津滨明燃气有限公司华明工业园调压计量站研发中心办公楼项目位于天津市东丽区华明工业区内，总用地面积4 904.5 m²，可建设用地面积3 304 m²。现场踏勘时，我们发现周围建筑均以灰色、米色石材立面为主，在工业区的严谨规整建筑氛围中，这样的外檐色彩和用料虽说中规中矩，但乏善可陈。

建筑形式和材质是建筑和外界接触的平台。外檐立面不仅仅是建筑实现内部功能和结构的重要基础，更是建筑追求个性和风格的重要体现，它往往是一个企业个性的表达，睿智思想的体现，是企业的名片，更是属于企业经营理念的故事。

在深入挖掘企业的长远发展目标及绿色可持续能源开发的理念后，在华明工业园调压计量站研发中心办公楼项目的投标中（图1），设计师大胆采用了具有浓厚文化气息的深红色陶土板，以体现建筑的艺术性和独特性。通过对立

图1　鸟瞰图

面的细节处理将建筑美学、室内功能、节能环保等因素有机结合起来，凸显企业办公研发建筑的标识性特色的同时，又兼顾了企业绿色发展理念以及工程造价的经济性，使投标项目一击即中，深得甲方的称赞。

陶土板幕墙，作为一种集艺术、技术与环保于一身的新型幕墙形式，近年来在国内外得到了广泛应用。其独特的色彩、纹理和自然的质感，为建筑赋予了别样的生命力。与传统的石材、玻璃幕墙相比，陶土板幕墙在保温、隔热、降噪等方面性能优异，能够降低建筑能耗20%以上。本项目在设计时充分考虑了陶土板的特性与优势，结合天津的气候特点，采用了独特的双层幕墙结构。这不仅增强了建筑的保温、隔热性能，还在视觉上呈现出了丰富的层次感。经过实际测量，与传统的玻璃幕墙相比，该项目中的陶土板幕墙在夏季能够降低室内温度5~8℃，冬季则能保持室内恒温，大大降低了空调的能耗。

陶土板的生产方法是将黏土经过不同配比，与水混炼成近似于雕塑用的陶泥状，经高吨位真空挤压机，通过设计好的模具出口挤出想要的产品泥坯，再经过近似于自然风干的干燥设备蒸发水分，最后经超过1 000℃的高温窑炉烧制而成。这种湿法挤压成型的制陶工艺，使陶板不仅仅局限于"板"，还可以通过不同形状的模具得到不同形状、规格的陶制品，能在一定程度上满足建筑设计的不同立面要求。产品形式被赋予更多的功能，诸如遮阳、棍形装饰、线条装饰等。

选用陶土板作为华明科研办公楼的主要装饰材料，既提供了柔和的质感，又有

图2 材料类型

效地吸收了太阳辐射，降低了夏季空调的能耗。而透明的玻璃部分则确保了良好的采光和视野，同时提供了必要的结构支撑。这种组合幕墙的设计既满足了建筑的功能需求，又展示了陶土板幕墙的独特美感。我们最初采用的是平面式造型陶板。外观呈平面形式的陶土板，更为规则，也更为平淡，更多地弱化了饰面的质感和肌理，更需要依靠整体的设计或者其他元素显示出效果。为了增强表面的细节和质感，我们改用了有凹凸纹理表面的陶板。这种通过挤压法生产的一定断面形式的陶板，本身的质感和肌理更强，自身表现力也更强（图2）。

在方案外檐中，在空调百叶处，我们同样采用了陶土百叶的形式，将传统陶土的朴实感与现代设计完美地结合在一起，使建筑形成完美统一的和谐性（图3、图4）。

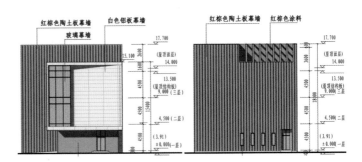

图3 项目立面图

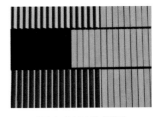

图4 材料格栅图

当陶板以"板"的形式更多地体现在建筑的外观设计时，其产品的形式又随着设计的需求产生了诸多的变化。国际性的一些公建项目率先采用这样的材质与技术，创造出独一无二的视觉美。1985年第一个陶土板项目在德国慕尼黑落成，至今已超过30年。

陶棍在建筑立面上可作为遮阳百叶的构件，还可作为立面的装饰构件，在一些项目中设计师还针对陶土本身的特性创造性地发挥出了陶棍的绿色节能功能。

19世纪末到20世纪初，陶板因其可以提供更多的色彩，且价格低于石材而成为建筑材料市场的新宠，被广泛应用在这个时期设计的建筑立面上。随着时间的推移，一些建筑的立面因雨水侵蚀等原因需要进行修复，人们通过定制各个部分的陶板构件来完成修复工作。陶板材料除了应用在建筑的立面，还可以作为屋面覆盖材料使用。同时，陶板还可以用于降低噪音，提高舒适度。陶土吸音板主要应用于歌剧院、影视厅、会议室、隧道等建筑物。穿孔吸音陶板集装饰性和功能性（抗冲击性，可更换性）为一体，一直深受使用者的好评。

在进行陶土板幕墙设计时，我们需要充分了解陶土板的性能和特点，结合具体的项目需求，进行合理的设计选择和优化。例如，对于注重节能和环保的项目，我们可以选用具有高保温、低辐射特性的陶土板；对于注重外观效果的项目，可以选择具有丰富色彩和纹理的陶土板。此外，在进行陶土板幕墙设计时，还需与结构工程师、施工团队等紧密合作，确保设计的可行性和施工的质量。同时，对于陶土板幕墙的维护和管理也需要给予足够的重视，以确保其长期的性能和外观效果。总之，陶土板幕墙的设计涉及多个方面的考虑因素，包括建筑风格与设计要求、结构承载与安全性、气候适应性设计以及使用寿命与维护要求等。

陶土板施工细节深化中的把控有以下几个特点，在施工交底时特意做了详细分析和说明。

（1）单层陶土板和双层陶土板的选材

1）单层陶板系统

单层陶板系统采用开放式（拼接缝不采用密封胶密封）拼挂方式，具有通风、排湿、隔热等功能，固定系统创新，陶板背面4根加筋肋的设计，采用通槽铝合金挂钩直接固定（非保温幕墙）在实心砖、混凝土的结构墙面上，或者固定在金属支撑框架（幕墙立柱）上，支撑框架再固定（保温幕墙）在结构墙体上。系统具有完美的抗冻融性（NFP 13.304，31.301）和抗冲击性（法国标准Q3等级，P 08.301，08.302）。正常风力下风压值如下：立柱间距为600 mm时，2 000 Pa；立柱间距为900 mm时，1 000 Pa。背带支承肋的陶土板作为外墙饰面施工时十分方便，质量控制也易于保证（图5）。

图5 单层陶板局部

2）双层陶土板系统

双层陶板系统采用开放式（拼接缝不采用密封胶密封）拼挂方式，具有通风、排湿、隔热等功能，拥有极强的抗冲击性，有多种尺寸可供选择，用不锈钢扣挂件进行机械固定。可以直接固定（非保温幕墙）在实心砖、混凝土的结构墙面上，或者固定在金属支撑框架（幕墙立柱）上，支撑框架再固定（保温幕墙）在结构墙体上。在华明项目中，我们采用的就是此种形式（图6）。

需要注意的是，单层、空心陶板仅从表面上无法判断，对于建筑形式影响更大的是陶板的表面处理（断面）形式、规格、比例等。

（2）陶土板外檐防水系统解决方案

1）开放式

开放式安装根据等压雨幕原理进行拼接设计，具有很好的防水功能。在接缝处不用打密封胶，可以避免陶土板受污染而影响外观效果。开放式陶土板系统外立面效果较好，但内侧设置金属衬板会使造价升高。在华明项目中，我们采用的就是此种形式（图7）。

2）密闭式

密闭式安装采用陶土板专用密封胶嵌缝，系统的防水功能得到更好的保障。陶土板背后形成密闭的空气层，具有更好的保温节能功效（图8）。

（3）陶土板外檐幕墙的安装

①陶土板是通过扣件固定在龙骨上的，安装方便，既节省安装费用，又节省时间。陶土板的安装不需要打胶，不会对陶板及其他构件造成污染。若陶板在安装过程中损毁，可以随意更换，并且可以回收再利用。

②陶土板幕墙基本结构为干挂结构，其原理类似于常见的幕墙系统，其支承系统及面板不承受主体

图6 双层陶板局部

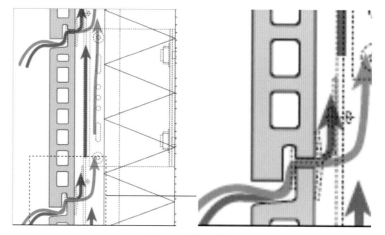

图7 开放式系统

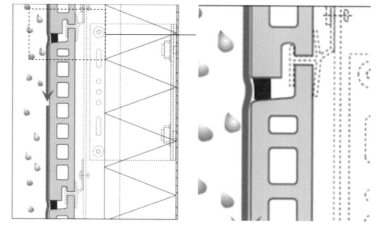

图8 密闭式系统

结构荷载作用。干挂陶土板系统具有安全保障，除此之外，由于成品陶板已有搭扣槽、支撑肋，因此不似石板需开孔、打槽等后续加工，现场施工十分简便、质量易于控制且对于提高墙

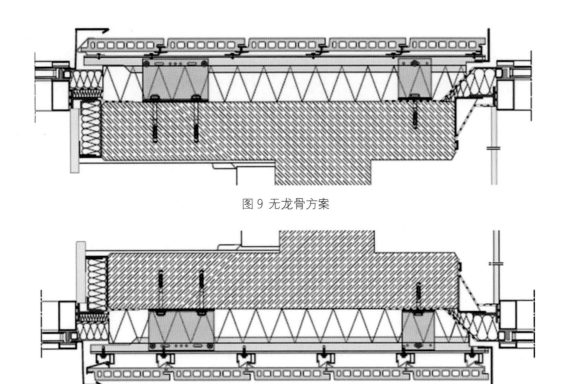

图 9 无龙骨方案

图 10 有龙骨方案

体的节能、隔声有很好的效果。陶土板幕墙分为无横龙骨和有横龙骨两种结构。幕墙基本结构由连接件、龙骨、接缝件、扣件和陶板组成。

干挂体系无横龙骨方案：螺栓的安装必须十分准确，必须按照尺寸实施（连接件必须准确安装），装扣件时钻孔和铆合铆钉费时，但节省材料成本（图9）。

干挂体系有横龙骨方案：前期工作、测量和标位相对简捷，扣件安装免去了费时的钻孔和铆钉铆合工作，工作周期短，但材料成本相对较高。因此我们可根据工程实际需要来选择最优方案，甚至在强度计算前提下可以变更配件材质，以便节约造价，自主性很强（图10）。

③将角钢连接件固定在竖龙骨上，根据面板与墙体之间的距离调整其位置；将胶条、不锈钢弹簧片及螺栓与铝挂件连接在一起，然后将铝挂

件滑入陶土板自带的安装槽内，每块陶土板安装四个铝挂件。根据板块分割线将分缝胶条固定在竖龙骨上。

④将陶土板通过铝挂件挂在角钢连接件上，自下而上逐层安装。陶土板块初装完成后对板块进行调整，保证面板横平竖直，缝隙大小满足要求（竖向缝隙为 4 mm，水平缝隙为 8 mm）。调整完成后，将角钢连接件及铝挂件上的螺栓拧紧，保证面板的稳定。

（4）陶土板外檐幕墙的收边收口

①陶土板幕墙顶部及铝合金窗四周需进行封口处理，为保证外观的效果与工艺性，采用 3 mm 铝单板，通过氟碳喷涂处理使其颜色与陶土板一致。为防止雨雪水渗漏，铝板与陶土板接缝处打胶密封（图11）。

②由于陶土板为空心材料，转（阳）角无法

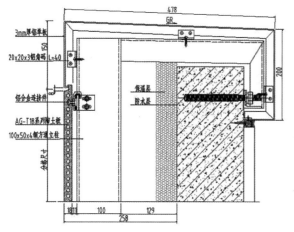

图 11 幕墙顶部做法节点图

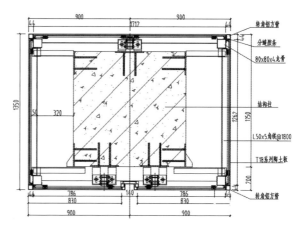

图 13 独立柱转（阳）角做法节点图

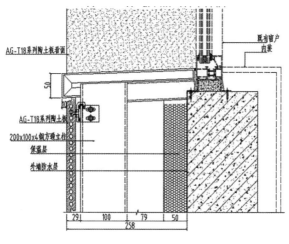

图 12 窗口做法节点图

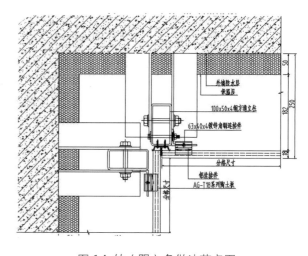

图 14 转（阴）角做法节点图

像其他面板那样处理。可以采用陶土板专门的配套产品——转角陶土棍收边，但是其造价较高。一般我们选择在转（阳）角位置设置铝方管（图 12）（38 mm×3 mm）立柱过渡，铝方管经过氟碳喷涂，颜色与陶土板一致（图 13）。转（阴）角处理相对简单，直接采用陶土板对接即可（图 14）。

建筑立面是展现每座建筑物风格最直接的方式，也是其建筑内涵的直接体现。陶板材料在建筑外檐领域成为不错的选择。在越来越绿色环保的建筑标准面前，陶土板除了生产过程中的低碳环保，具有透气性，还能有效抵抗紫外线的照射，

其次，陶土板偏向简约的风格，也与当下十分流行的现代风格相贴合。众所周知，石材外立面长时间使用之后容易褪色变色，影响质感，同时石材含有的氡元素，对人体会造成一定程度的辐射伤害。铝板本身强度与刚度不足，抗变形能力差，同时惧怕酸碱腐蚀。陶土板，有着秦砖汉瓦的坚韧，与千年兵马俑原料有异曲同工之妙。经过高温锻造之后，天然陶土之本色，色泽柔和丰富，美观自然，质朴耐用，拥有浓厚的大自然气息。陶板制造工艺的特殊性，形成了其生态自然之美，具有天然鲜亮的色彩、淳朴耐看的质感、天然环保节能降噪

的特性，是一种保留文化质感而又充满时尚气息的外墙材料。天然陶土的返璞归真，过滤掉人工雕琢之美，在光怪陆离的时代背景中，使建筑主观保持一种朴实之美。凝聚了历史与自然的陶土板，成了建筑外檐美学的另一种选择。

华明工业园调压计量站研发中心办公楼项目，是我们首次采用绿色新材料陶板外檐材料，陶板100%能循环回用，同时具有质轻而坚、历久弥新等优势，符合甲方一贯奉行的"绿色生产"的追求，更与我们不断贯彻的绿色设计理念相辅相成（图15~图18）。

图17 室内展览厅实景

图15 项目效果图

图16 室内会议室实景

图18 立面实景3

传统古建木结构设计中的安全挑战：因素识别与解决方案

宿军胜

近年来，受到"绿水青山就是金山银山"和大力改善人居环境等理念的影响，城市园林绿化及郊野公园建设得到巨大的发展。其中传统木质古建筑作为风景园林的重要组成部分在各种园林设计及建设中得到了更为广泛的传承和发展。

传统木质古建具有轻质、适应性强、施工周期短、环保等优点，作为一种可持续发展的建筑备受关注。然而木质古建在结构体系及营造做法上与其他现代建筑有较大差异，同时，不同的使用环境和不同的木质选择对结构安全性有较大的影响，因此在进行木质结构设计及施工时，需要进行一系列的计算和分析工作，以确保建筑的安全性和稳定性。

1 园林传统木结构古建建筑类型及结构组成

园林传统木结构古建建筑历史悠久、建筑类型多样，其中主要包括亭、榭、廊、阁、轩、楼、台、馆、桥、坞、舫、厅堂等建筑物。

基础木柱以下的部分，有柱础、磉墩，基础有多种类型，有夯土基础、碎砖基础、灰土基础、天然石基础、桩基础、砌筑基础等。

木柱类构件包括各种檐柱、金柱(老檐柱)、中柱、山柱、童柱、通柱等各类圆形或方形截面的柱。

木梁类构件包括二、三、四、五、六、七、八、九架梁，单、双步梁，天花梁，斜梁，递角梁，桃尖梁，接尾梁，角梁，抹角梁，踩步金梁，承重梁等受弯承重构件。

木檩(桁)类构件包括檐檩、金檩、脊檩、正心桁，挑檐桁、金桁、脊桁、扶脊木等构件。

木枋类构件包括檐枋、金枋、脊枋、大额枋、小额枋、随梁枋、穿插枋、跨空枋、天花枋、承椽枋、棋枋、关门枋等拉结构件。

木板类构件包括各种檐垫板、金垫板、脊垫板、博缝板、山花板、滴珠板、由额垫板、挂落板、木楼板、塌板等构件。

屋面木基层部件包括檐椽、飞椽、花架椽、脑椽、罗锅椽、翼角椽、翘飞椽、连瓣椽等各类椽，以及大连檐、小连檐、椽碗、椽中板、望板等。

2 结构计算基本参数

根据建筑用途和规模确定设计荷载，包括自重荷载、活荷载、风荷载等（计算时考虑包括不同使用年限及雪荷载、风荷载作用下木材强度设计值和弹性模量的调整系数）。根据建筑的功能需求，确定木结构的布置，包括柱、梁、墙等（选择不同构件部位木材等级的要求）。

根据设计荷载和结构布局，选择适宜的木材

和连接件（考虑目测分级规格材强度设计值和弹性模量的调整系数）。根据结构不同，连接部位选择相应的连接节点计算（考虑单、双齿连接抗剪强调降低系数）。

3 构件设计计算

3.1 基础

将础石与柱底之间的连接视为相对滑移层或铰接连接，计算不同荷载工况及地震作用下结构的整体位移及稳定性计算。

3.2 木柱

确定截面尺寸：根据设计荷载和木材特性，计算出木柱的截面尺寸，可根据截面的抗弯承载力、抗剪承载力和稳定性进行计算。计算截面抗弯强度：通过弯矩和截面惯性矩的关系，计算木柱截面的抗弯强度，根据计算结果，选择合适的截面尺寸。计算截面抗剪强度：根据设计荷载和木材性能，计算木柱截面的抗剪强度，可以用材料的剪切强度乘截面面积进行计算。

3.3 木梁

确定截面尺寸：根据设计荷载和木梁的跨度，计算木梁的截面尺寸，可根据截面的抗弯承载力、抗剪承载力和整体稳定性进行计算。计算截面抗弯强度：通过弯矩和截面惯性矩的关系，计算木梁截面的抗弯强度，根据计算结果，选择合适的截面尺寸。计算截面抗剪强度：根据设计荷载和木梁的跨度，计算木梁截面的抗剪强度，可以用材料的剪切强度乘截面面积进行计算。

3.4 木墙

确定墙板厚度：根据设计荷载和墙体高度，计算木墙的厚度，可以采用墙体的弯曲刚度和弯矩的关系进行计算。计算墙体的抗弯强度：通过墙体的厚度和材料的抗弯强度，计算墙体的抗弯强度，根据计算结果，选择合适的墙体厚度。计算墙体的抗剪强度：根据墙体的厚度和设计荷载，计算墙体的抗剪强度，可以用材料的剪切强度乘墙体面积进行计算。

3.5 连接件

选择合适的连接件：根据木材的特性和建筑要求，选择适宜的连接件，包括螺栓、角钉等。计算连接件的承载力：针对选择的连接件，进行承载力的计算，通过连接件的拉伸强度和剪切强度进行计算。

计算整体结构的稳定性：根据建筑的尺寸、形状和荷载条件，计算整体结构的稳定性，包括屈曲稳定性和扭转稳定性的计算。根据计算结果，确定稳定性增强措施，以保证整体结构的稳定性和安全性。

4 影响结构安全因素

4.1 慎重选材，采取高标准的加工措施

木结构在园林建筑中的应用数量日趋增多，但受木结构自身材质所限，当使用时间积累到一定程度后，其结构的性能就会明显降低，故此对木结构的选材、加工的要求非常高、非常严。需要注意的是，针对不同的地理位置和气候条件，园林建筑所选择的木结构也各不相同。目前，木结构在选材种类上主要分为两种，软材和硬材。两种材料的特性大不相同。而我国园林建筑中选用的木结构大多为硬材，因为其材质坚硬、牢固、耐腐蚀且易加工。而延长此类木结构使用寿命的加工措施主要有两点：一是通过熏蒸降低所使用木

结构的含水量；二是将木结构自然风干。

4.2 定期灭虫，在与地接触面播撒毒土

通过熏蒸的方式可以有效去除木材质的水分含量，同时，这类方法还有助于除去木材中一定比例的害虫，防止木材腐烂。此外，通过在与木结构建筑接触的地面上播撒毒土，同样能够有效阻挡地下害虫的侵蚀，保护木结构的完整性。

4.3 防腐防火，积极采取人工预防措施

一般来说，延长木结构在园林建筑景观中的使用寿命，首要重视的就是对木结构的防腐、防火。可采取如下措施：首先，通过涂刷防腐剂的方式对木结构进行防腐处理，但要注意选择使用对人体和环境不存在危害性的，且对木材自身没有损害或破坏性的防腐材料；其次，通过熏蒸杀虫来避免木结构的腐败，利用外力来破坏木结构中原有的湿度、温度、空气以及养料以达到防腐目的；再有，园林建筑中的木结构建筑一般是临水而建，虽然这一地理位置有效降低了火灾发生的概率，但也要避免将木结构建在暴晒、高热的环境中，对此，可利用药剂将易燃的木结构建筑转变为难燃体，完善早期预防，降低火灾发生的风险。

4.4 木结构防开裂

木材的开裂与木材的含水率有着密切的关系。木材的含水率是木材的一项重要物理性质，对防腐、防虫都有重要的影响。一般南方天气干材的含水率为 17%~18%，北方天气干材的含水率为 12%~13%。为防止木材开裂，要求厂家提供存放了 2~3 年的木材，使表面含水率能够降至 25% 以下，或提供用其他方法处理过的含水率能够满足要求的木材。

5 结语

通过对木柱、木梁、木墙和连接件等的精确设计和对整体结构的稳定性分析，充分考虑不同木材选材、使用环境等安全因素考虑可以确保木结构建筑的安全性和稳定性。在施工过程中，对结构的监测和控制，以及对施工质量的管理，都是确保木结构建筑质量的重要环节。随着绿色建筑的推广，木结构建筑将发挥越来越重要的作用，不断改进和完善计算方法将有效提高木结构建筑的安全性和可靠性。

项目篇

基于工业遗产保护利用的城市绿道设计探索
——以天津绿道公园规划设计为例

张旻昱

项目区位：天津市河西区

项目规模：48.04 hm²

起止时间：2019 年 5 月—2023 年 10 月

项目类型：生态公园

1 项目总览

天津城市绿道是落实市委、市政府加快美丽天津建设的一项重要举措。绿道形成一条串联市内七区的"绿色项链"，为市民群众营造了舒适、生态的城市绿道慢行系统。

河西区城市绿道公园是该项目的核心环节，从环湖中路延伸至海河，全长 7.7 km，总面积达 48.04 万 m²。自 2019 年起，经过三期共计五年的建设，双碳公园、复兴河公园、郁江公园等节点被串联起来，形成了一个完整的生态慢行闭环，一个集生态、大绿、低碳、慢行、休闲五位一体的城市绿色廊道。项目折射出了河西区聚焦人民群众期盼，打造宜居、宜乐、宜游城市的点滴变化（图 1~图 3）。

图 1 城市绿道一期实景鸟瞰

图 2 城市绿道分期情况

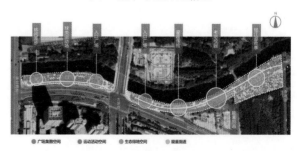

图 3 城市绿道三期市民运动乐园平面图

2 目标定位

新时代"公园城市"背景下的高品质城市休闲公园借助场地的铁路文化元素基底，贯彻城市双修的理念，同时将智慧城市建设、海绵城市建设的新理念、新思想融入设计之中，构建了一所集慢行、休憩、康体于一体的综合型市民休闲公园。

3 项目难点

项目场地拥有一条具有重要历史价值的1908年陈塘铁路支线，尽管现已停用，但其历史意义不容忽视。场地周边环境破败，紧邻城市河道且杂草丛生，这些因素构成了项目实施的主要难点：如何在保护历史遗迹的同时，加强场地与城市的联系，将这片被忽视的城市空间改造为一个充满活力的绿色公园（图4）？

4 设计策略

三线交融勾勒大美陈塘：文化线致敬历史，生活线缝补城市，创新线激发活力。

4.1 文化线——怀念

静态保护：通过对现状铁路的保留利用，将其变成景观设计的一部分。

文化演绎：通过对废弃铁路设施进行艺术加工，设计和营造新的景观。

情景体验：通过对陈塘铁路支线场景的文化重现来实现游客的情景体验，如月台往事节点再现铁路月台场景（图5）。

4.2 生活线——共享

全民共享：增设垂直绿道，强化城市连接，构建双层慢行系统，拓展空间层次，共享空间配备多元服务，

实现全园无障碍通行（图6）。

全时共享：增绿添彩，通过宿根地被及色叶植物构建全季景观；弹性灯光，通过夜景照明的双系统进行前瞻性统筹助力夜经济。

完善15分钟生活圈居住配套设施：定义全新的城市环境，打造步行15分钟可达的绿色社区公园，完善社区结构性配套服务设施，让居民体验高质共享生活方式（图7）。

图4 项目难点

图5 城市绿道文化线

图6 全民共享空间

图7 15分钟生活圈

4.3 创新线——新生

智能绿道——集智能步道、AR 技术、智能云亭及健身设施于一体，构建活力科技绿道（图8）。

智慧绿道——应用海绵城市技术，如雨水花园和透水铺装材料，结合采用多孔吸水材料，创新生态绿道景观技术做法。

艺术绿道——结合 3D 艺术彩绘与铁路文化，将运动元素与艺术涂鸦融入景观设计（图9）。

5 创新设计

5.1 文化多样表达——铁路设施的新生

利用既有场地中的废弃枕木，设计枕木坐凳，其形式来源于场地记忆，通过现代演绎，反映场地历史文化和时代体现（图10）。

5.2 创新技术导入——铁轨步道弹性设计与 FastTFT 土方软件应用

为保证铁路战时正常运行，铁轨步道在设计上保留现有铁轨，利用快速拆装的施工方法，保证在特殊时期铁轨能快速投入使用（图11）。

在设计时利用 FastTFT 软件进行场地土方平衡计算，对于土方挖填量的结果进行分区域调配优化，能快速解决就地土方平衡要求。

图 8 智能绿道

图 9 艺术绿道

图 10 专利枕木坐凳及专利证书

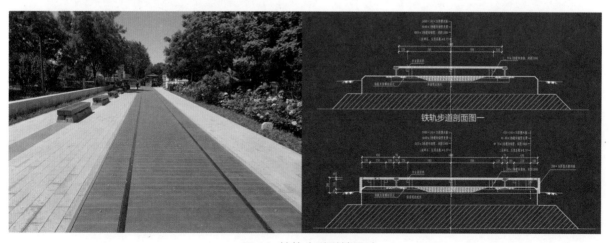

图 11 铁轨步道弹性设计

5.3 新材料新营造——蓄水模块海绵设施与景观的融合

实践了蓄保水模块新技术，包括花钵、树池、石笼墙都采用多孔吸水基材，实现了集景观、绿植、蓄水于一体的海绵城市技术措施。

5.4 双碳目标践行——固碳植物甄选

以定性与定量相结合为导引，合理进行乔灌木配比，优先选用固碳能力强的植物品种及低碳的乡土植物，实现双碳目标。

5.5 智能科技引领——智慧走进生活

通过设计真正做到了将科技融入百姓生活，打造乐活便民的全民健身户外营地。

6 综合效益

经济效益——区域引擎：作为区域发展引擎，绿道公园促进了周边商务区、产业带及创新示范区的经济增长，提升了土地价值并激活了区域经济活力。

社会效益——民心工程：作为重要的民心工程，项目通过提供 11 处运动空间、7 处文化节点和 4 km 慢行步道，显著提升了居民的生活质量。

生态效益——示范工程：公园新增 5 种常绿乔木、29 种落叶乔木、50 种落叶灌木、36 种地被花卉，构建了 48 km² 的绿色基底，对于建设区域生态系统、降低城市热岛效应具有积极的意义。

河西绿道公园已成为城市形象的展示窗口，为市民提供了丰富的休闲选择，为城市注入了活力。

7 结语

在城市绿道中，人文景观的深度与自然美景相辅相成。项目通过保护和再利用废弃铁轨设施，将历史遗迹转化为具有新功能的绿色景观元素。设计细节如水牌景墙、枕木坐凳和大事记铺装，巧妙地展示了陈塘地区的历史积淀，突出了场地的文化深度（图12、图13）。

绿道的精心规划不仅提升了自然与人文、历

图 12 月台往事节点鸟瞰图

图 13 铁轨步道及导游牌

史与现代之间的张力，还创造了一个生态与文化价值并重的公共空间。在这里，游客能够追溯历史，体验自然与文化的交融，见证城市发展的脉络。陈塘铁路的历史在绿道中得到传承与创新，成为城市文化记忆的组成部分，为后代提供了丰富的精神遗产（图14~图16）。

图 15 绿道海河入口 LOGO

图 14 绿道植物景观

图 16 水牌景墙

惬意社区游憩地·魅力水岸双碳园

——记天津双碳公园低碳技术营造

宋宁宁 杨芳菲

项目区位：天津市河西区

项目规模：2.2 km²

起止时间：2022 年 6 月—2022 年 12 月

项目类型：社区公园

随着全球气候变暖和城市化进程的加快，低碳生活已成为当今世界的发展趋势。城市公园作为城市生态环境的重要组成部分，其低碳建设对于推动城市可持续发展具有重要意义。位于天津市河西区运苇河周边的双碳公园，将低碳理念融入公园建设，运用低碳材料和技术，成为城市低碳发展的示范项目。

1 设计思路

双碳公园位于天津市河西区运苇河与海河交汇处，整体采用新中式风格，根据场地的特点，把"双碳"理念、市民科普、休闲娱乐融入公园景观。

双碳公园的建设，一是为周边居民创造身边的游憩地，满足健身、休闲需求，提高老百姓的幸福感和获得感；二是通过对植被的梳理和增补，提高场地的生态性和景观性，打造家门口的生境花园；三是通过低碳材料、低碳科普、低碳小屋等元素，践行"双碳"理念，为天津市民提供—所看得见、摸得着、玩得到的"双碳"主题公园（图 1）。

图 1 天津双碳公园

2 技术难点

双碳公园围绕"惬意社区游憩地·魅力水岸双碳园"的目标展开设计，追求既符合场地气质，又寓意美好生活的园林意境。在设计和建设公园的过程中，有三大技术难点。

①需要将"双碳"理念转化为具体的实践，通过运用低碳材料、技术和科普教育，打造一个既可见又可感的"双碳"主题公园，让市民能够

亲身体验低碳生活方式。

②由于公园地处城市居住区周边，紧邻城市河道，且横向交通不足，需要找到合适的方法来加强场地与城市的连接，实现公园与城市的无缝对接。

③场地长期荒废，环境破败，缺乏生机，需要将这一城市中的灰色空间转变为充满活力的绿色空间，为周边居民创造一个富有生活气息的休闲场所。这些挑战需要运用创新思维和先进技术，以实现公园的可持续发展和提升市民的生活质量。

3 设计内容

根据场地的特点和低碳的叙事性景观要求，设计把场地划分为5个分区。每个区域都有其独特的功能和景观特色，通过有序的布局和精心的设计，使得整个公园成为一个有机的整体。

入园序曲景观区，采用仪式感的种植序列，结合低碳景观小品（图2、图3），引领游客踏入公园，开启"双碳"之旅。

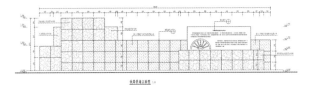

图2 铁路低碳景墙设计图

图3 铁路低碳景墙实景图

南入口低碳展示区，以景墙为界，营造入园门户景观，利用立体绿化和低碳材料打造低碳之门（图4、图5），呈现出独特的低碳氛围。

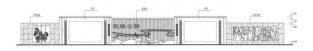

图4 低碳之门设计图

图5 低碳之门实景图

低碳互动体验区，融入科技元素（图6），通过低碳互动设施、雨水回收利用设施和低碳展廊（图7），使居民能够亲身体验低碳理念并进行传播。

图6 智能科普

图7 低碳展廊

图 8 林下观赏游憩区

图 9 公园北入口

图 10 全生命周期管控体系

图 11 互碳广场

图 12 海绵城市

林下观赏游憩区，充分利用现有林地，增设游憩设施（图8），满足居民日常休闲需求，让人们在自然环境中放松身心。

北入口低碳景观区，以对称布局为特色，打造面向海河的门户景观，运用绿墙、麻绳、编织景观等元素（图9），突显"双碳"主题，展现出公园独特的魅力。

4 低碳技术应用

双碳公园的实践实现了将低碳理念引入城市公园规划设计中，借鉴低碳城市、低碳社区等理论，提出低碳城市公园的概念，提出适合低碳城市发展的城市公园规划设计方法。

从"全生命周期管控体系"出发（图10），营建低碳城市公园规划建设模式，运用低碳建筑、绿色能源、互动景观（图11）、植物碳汇、海绵城市（图12）、低碳材料、资源循环、智慧景观、水生态等9种举措，将低碳理念同城市公园建设相结合，拓宽了低碳理念的应用范围，同时也为城市公园的低碳化规划建设建立了一定的理论依据。

5 结语

天津双碳公园通过创新性的低碳技术应用和科学的规划设计，为城市公园的低碳化建设提供了有力的实践依据。它不仅满足了居民休闲娱乐的需求，还在推广低碳理念、增强社区凝聚力和保护生态环境方面发挥了重要作用。未来，类似的低碳城市公园建设模式将为城市可持续发展提供更多的参考和借鉴。

山东滨州北海明珠湿地公园
——生态修复·候鸟归栖

毕艳霞

项目区位：山东省滨州北海经济开发区

项目规模：113 hm^2

起止时间：2010 年 12 月—2011 年 10 月

项目类型：生态公园

1 项目概况

这片占地 113 hm^2 的土地，位于滨州北海开发区（即"新区"），是渤海湾西南岸的重盐碱退海之地，场地被新区南部一条东西向的城市河流隔断，整个区域的每一寸土地都严重盐渍化。我们第一次接触这片土地时，眼前是生命凋零、了无人迹、泛白的土地和大片红色的碱蓬。

2 解读场地生态

在滨州北海新区城市总体规划中，该场地被定位为最大的生态斑块，北海明珠湿地公园将是城市活动与生态保育的过渡斑块，是北方沿海区域最重要的候鸟栖息地之一。因此，如何将重盐渍化的不毛之地，进行湿地型生态化重建与修复，并实现场地的低维护和可持续，最终建成一个以候鸟栖息地为主要功能的生态型湿地公园，是该项目的

主要规划设计目标（图 1~图 3）。

3 由不毛之地到生机盎然的鸟类栖息地湿地公园

3.1 "高林低水"的山水格局

场地内呈典型的滨海盐碱地貌，土壤毛细作用导致严重的土壤返碱而无法满足本土种植植物的需求。常规的引客土、铺

图 1 浅水区栈道平台 1

图 2 浅水区栈道平台 2

97

图3 灯柱序列

设排盐层的做法，会大大提高成本，这不是一个自然生态栖息地所需要的模式。于是，我们提出了"塑地形，理水系"的构思，运用低降高抬的方式，低处挖土成湖、成渠，挖土移至高处，高处的地形抬高成台，超出土壤毛细作用高度，无需排盐处理即可栽植成林。场地整体形成了"旱地–湿地–池塘"的山水格局（图4）。实现雨季，地表径流通过旱地–湿地–池塘的顺序汇集；旱季，池塘水源反哺林地。

如此"高林低水"的山水格局反应为数据，即为：$S_{水域}:S_{林地}=1:2.5$（面积之比）。我们主要基于三个因素提出了"高林低水"格局，分别是场地坑塘密度、滨州乡土台田技术、人与自然的关系在土地上的投影，这样的设计是契合场地的。

最终，公园有70%的场地为"高林低水"格局，解决了土壤盐碱及种植问题。仅极少数区域运用了传统的排盐处理，有效控制了成本（图5~图8）。

3.2 基于空间异质性和斑块性的生态格局

空间异质性是自然界最普遍的特征，是生态构建要考虑的核心内容。我们的生态修复与重建基于空间异质性及斑块性并结合竖向格梯度变化，形成不同尺度、不同生境类型的大小斑块组合，结合道路规划、种植规划，形成斑块间的连接、过渡廊道，构建了"斑块–廊道–基底"的滨海盐碱区域生态格局。

图4 绿色掩映下的湿地教室及观鸟台

3.3 生态适宜性评价确定排盐分级

依据公园生态斑块类别，对公园绿地进行分级，仅对局部敏感性区域进行排盐处理，其他区域依据耐盐碱程度差异，进行植物群落构建，实现排盐区域最小化，控制整体造价（图9）。

图5 乡土花卉与园路相遇

3.4 提高植被覆盖率、规划混交林等防止土壤返盐退化

整体种植规划中，通过植物品种选择保证最大植被覆盖率，采用以块状混交林为主、以株间混交林为辅的种植模式，提高种植层次，有效防

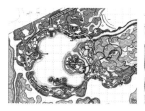 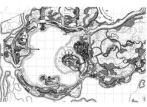

图6 一期种植平面图　　　图7 二期种植平面图

止土壤返盐退化。

4 鸟类栖息地重建

提出基于鸟类习性特征的引鸟策略，实现鸟类栖息地重建。

4.1 浅水生境营造

浅水生境适宜鸟类生存，通过设计多元化近岸浅水区域自然驳岸和栽植鸟嗜水生植物等方式满足引鸟种类多样性需求。在与树林、灌丛等相隔一定距离处设计近岸浅水区域，将水的深度分别控制在 10 cm、15 cm、20 cm 等不同标准，形成不同水深环境下的生境。这些不同水深的生境以及沿岸滩涂地，分别满足不同鸟类的栖息需求，为实现鸟类的多样性提供条件。在水岸基底增加部分沙石并结合采用以坡度小于 1:10 的自然缓坡和软坡为主的驳岸，增加水陆过渡带，建立湿地斜坡水岸生态系统，为鸟类提供最大范围的觅食活动场地，利用裸露滩涂种植鸟嗜水生植物（图10）。

4.2 鸟嗜植物配置在不同类型的栖息地

种植具有核果、浆果、梨果及球果等肉质果的蜜源植物、鸟嗜植物，同时满足鸟类筑巢、隐蔽等行为需求。根据群落特征，将湿地内鸟嗜植物分为 5 类（表1）。

图 8 浅水岸栈道

图 9 排盐分区图

图 10 自然栖息地各种水禽

表 1 通过不同植物群落引鸟

类型	植物种类	配置原则	群落特征	常见活动其中的鸟类
乔木类群落	榆树、杜梨、苦楝、云杉等	选用大量高大的乔木；运用大乔、中乔、小乔错落设计；尽量自然成林	安全性好；挂果植物种类较多；较为密闭	黄腰柳莺、喜鹊、斑鸫白头鸭等树冠集群鸟类
灌木类群落	小檗、酸枣、金银木、枸杞、卫矛、海棠、野花椒等	注重开敞空间设计；复杂化周边生境；避免人为干扰	色泽丰富；种植密度大盖度大	鹡鸰、画眉、白眉鸫、绿翅短脚鸭等地面集群鸟类
乔灌类群落	前两类结合	疏密结合；提高景观异质性	空间结构丰富；景观多样化；受季节影响小	红头长尾山雀、红嘴蓝鹊等不同鸟类
草坪类群落	五叶地锦、忍冬、山葡萄等种类丰富的缀花草地	适当增加水平生境多样性；营建边缘植物群落	郁闭度小；人为干扰较强	白鹡鸰、麻雀、白头鸭、大山雀
水域类群落	水葱、萍蓬、菖蒲、茭白、芦苇、芡实等	堆筑绿岛	水中堆砌岛屿；景观异质性高	普通翠鸟等部分游禽、涉禽和鸣禽鸟类

4.3 筑巢引鸟

沿着水流的方向，根据招引对象的体型大小和营养特点，安置不同类别的、设有语音引鸟器和自动喂鸟装置的新型鸟巢，并定期进行人工维护。鸟巢安置基于以下原则：选择隐蔽性高的高大乔木；悬挂高度在 4 m 以上；巢与巢之间的距离不得少于 50 m；洞口朝南且背风悬挂；选用实木、稻草等天然材料（图 11）。

4.4 成果

公园建成后，已经吸引鸟类 20 余种，包括：白鹭、鸬鹚、海鸥、白天鹅、翠鸟、黑天鹅、啄木鸟等。其中，珍稀品种有：鸬鹚、翠鸟、白鹭、鸿雁、松莺、啄木鸟、冠鹤。

图 11 自然栖息地各种鸟类

5 因地制宜构建指标体系

在设计初级阶段，完成《北海明珠湿地公园规划设计指标体系》，以指标体系为目标导向进行方案设计，此体系涵盖了公园设计的各个方面，指标体系体现了北海开发区地域特色。在实施过程中，我们实现了指标体系与后续设计方案的联动和统一（表 2）。

表 2 指标体系释义与目标值

指标类型	指标释义	目标设定
耐盐碱植物指数	园内耐盐碱植物占全部植物物种的百分比	≥ 0.95
本土植物物种指数	园内本土植物物种占全部植物物种的百分比	≥ 0.80
水生植物覆盖率	园内水生植物面积占总面积的百分比	≥ 0.15
绿化覆盖率	园内绿化覆盖面积占总面积的百分比。绿化覆盖面积是指园内乔木、灌木、地被等所有植被的垂直投影面积，乔木树冠下重叠的灌木和草本植物不能重复计算	≥ 0.55
常水位以上水面率	园内常水位以上水面积占总面积的百分比	≥ 0.35
间歇性水淹区指数	园内常水位以下、间歇性水淹区面积占总面积的百分比	≥ 0.08
水系生态岸线比例	生态岸线长度占全部水岸线长度的百分比	≥ 0.99
水环境质量（引导性指标）	园内地表水环境质量状况	水环境质量达到功能区标准
游客禁入的野生动植物栖息地比例	园内游客禁入区域占总面积的百分比	0.20
非传统水源利用率（引导性指标）	园内非传统水资源使用量占总用水量的百分比。非传统水源包括再生水、雨水、海水淡化等。	≥ 0.40
绿色建筑比例	园内符合绿色建筑要求的建筑占建筑总量的百分比。参见住建部《绿色建筑评价标准》	=100%
无障碍设施覆盖率	园内道路、公建等设有无障碍设施的比例	=100%
太阳能灯具使用率	园内太阳能灯具占所有照明灯具的百分比	≥ 0.60
可持续排水系统覆盖率(引导性指标)	园内采取可持续排水理念开发的用地面积占总面积的百分比。可持续排水系统包括：渗水铺装、雨水回收等	=100%
园区垃圾（含水面垃圾）分类收集率	园内实现分类收集的垃圾占垃圾总量的百分比	=100%

从"山城共行"到"山城共荣"

——记锦州市南山生态公园建设工程

崔丽

项目区位：辽宁省锦州市

项目规模：115.9 hm²

起止时间：2015 年 3 月—2017 年 3 月

项目类型：生态公园

图 1 项目区位图

1 项目概况

锦州市位于辽宁省的西南部，是辽西中心城市，辽宁省沿海第二大城市，是连接东北、华北的交通门户和环渤海经济圈的重要城市。

南山公园位于锦州市南扩的主要发展轴线上，山北组团与桃园组团之间的南山生态保护区内。根据"城市南扩、转身向海"的城市总体发展战略，锦州南山将由"城边山"向"城中山"转变（图 1），成为城市南入口的新地标。

南山生态公园位于女儿河南岸，规划总面积约 751.63 hm²，实施面积 115.9 hm²，包括主山门景区、南山秋景区、松山赋景区、罕王殿景区、通往景区的车行路、登山径及市政服务设施等。

2 设计构思

方案设计着力修复场地生态效能，强调城市与自然的交互共生，遵循低影响、低投入、低维护、高品质的建设模式，形成一个集生态恢复、休闲运动、科普教育为一体的生态公园（图 2）。项目通过以下 5 个步骤来实现。

第一步，打造生态南山——实现锦州市的"城市绿肺"，通过山体海绵化和植被提升构建了完整的低山丘陵生态系统，提高了南山的生态效能。

第二步，打造体验南山——形成锦州市的"山地运动公园"，设计山地自行车路、森林慢跑道、登山步道等，提供不同模式的登山体验。

第三步，打造文化南山——助力锦州市的"奔

图 2 整体鸟瞰图

赴山海，前程是锦"文旅品牌，挖掘锦州文化传承，从地域特色和人文情怀角度进行全方位表达。

第四步，打造休闲南山——形成锦州市的"网红打卡地"，设置丰富的休闲体验节点，以运动交通系统串联，形成网红效应，吸引多样化人群。

第五步，打造可持续南山——锦州市"山城协同发展"新模式，通过最大化利用现状道路、植被、分区提升策略等，达到环境低影响，建设低投入，后期可运营的目的。

3 设计方法

3.1 构建功能分区系统

南山生态公园面积庞大，结构复杂，景观变化较大，为了有效地进行功能区划，以便于科学建设，高效管理和有序开发，在进行分区规划时，建立了三级分区系统，包括总体功能分区-次级功能分区-景观节点，通过对林地内生物、植被、游憩等多种景观格局进行研究，得到清晰的分区系统。

3.2 重塑南山生态系统

近年来，城市建设逐渐扩张蔓延到南山周边，导致了南山生物多样性和生境多样性降低，生态系统发生退化，如何通过设计，恢复生物和生境的多样性，并使之与人的行为活动有机结合，成为可持续发展开发南山生态公园的核心问题。南山生态系统的重塑，将为休闲活动的展开提供良好的生态基底，是设计工作的重点，为此我们提出提升策略的三大核心。

3.2.1 创建山体海绵化建设模式

利用地理信息系统，对南山地表径流进行分析，进而指导南山海绵系统建设，构建山体海绵化的建设模式，通过水平植草沟截留雨水，多余雨水通过沿路排水沟进入雨水花园，最终进入水体或收水旱溪，达到渗、滞、蓄、净、用、排的目的（图3）。

3.2.2 重点突出、分区修复的植被提升策略

结合高程和坡度对现状山林区进行分区，实行分区管控（图4）。

生态恢复区（坡度≥30°，高度≥100 m）：减少人的干预，播散乡土植被，通过长期自然修复，恢复至原生状态。生态改良区（坡度<30°，高度<100 m）：适当通过人工改良，植入多样类生物，形成包括多个物种种群的生态群落。生态重

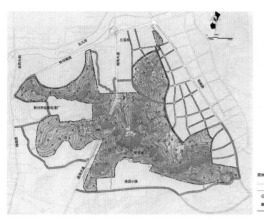

图 3 山体海绵设计平面图

图 5 生境规划分析图

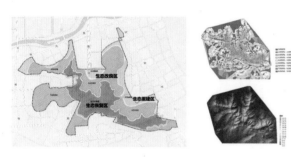

图 4 山体生态修复分区图

建区（重要节点区）：通过外界力量，使部分重点区域恢复生态系统，服务人群开展休闲活动。

3.2.3 异质化山地生境的营建

在对场地进行重新规划设计后，不同地区的生态敏感度将会发生变化，根据设计后的场地情况，进行加权叠加，判断是否符合设计前对场地生态敏感性的分析结果。根据生态敏感度的分析结果，构建湿地生境、森林生境、草灌生境、农田生境，从纵向角度表达生境的结构关系，为动植物提供异质化栖息地（图5）。

3.3 不同尺度下的人文表达

锦州文化底蕴丰厚，南山是锦州文化体系的重要节点，将风土、风景和景观三者有机结合，一定会为锦州旅游业的发展注入新的活力。从风土层面，场地设计浓缩了锦州的地貌特征，五山一水四分田；从风景层面，以南山历史文脉为线索设置观景平台，讲述南山的故事；从景观层面，于细节处展现锦州深厚的文化底蕴。

罕王殿是南山最重要的节点。从环境入手，将建筑集中布置，以尽量简洁的建筑造型来表达对于城市、文脉和自然的敬重；通过与世园会百花塔的隔空呼应，提升了设计的文化内涵（图6）。选取老街石及老墙石，来体现沧桑、厚重、久远的历史文脉。松山赋观景台采取"一亭""一台""一岩"的群组式景观布局形式，与场地特征紧密结合，展现山与城的和谐美景（图7）。

图 6 罕王殿观景平台

图 7 松山赋"一亭、一台、一岩"景观要素

图 8 舒适型登山径

图 9 自然型登山径

图 10 野趣型登山径

图 11 运动健身径

图 12 路面趣味划线及标识

图 13 锦州市网红打卡地——南山公园

3.4 提高山体公园的体验维度

设计利用原有路径形成三级路网，同时通过丰富的路径设计，打造更加开放、亲民和多元化的山体环境，提高百姓对公园的体验维度。设计 3 种登山路径，包括舒适型、自然型、野趣型（图 8~图 10），提供丰富多样的登山感受；设计 3 种特色体验路径，包括勇敢者之路、自行车赛道、自然研习路径，提供多元化的户外体验项目；设计 1 条运动健身路径（图 11、图 12），增加康体乐趣。

3.5 采取"三低一高"的建设模式

南山山体环境脆弱敏感，设计在追求高品质的同时注重与自然环境的共生，尽量减少对山体环境的干预和破坏。采用"嵌入"的方式，利用山体破损面设计休闲空间，实现对场地的最小干扰；采用"添加"和"高架"的方式扩展景观节点空间，避免造成对场地的破坏；采用"果园与公园共生"的方式，保留现状果园及承包模式，适度引入农家乐，减少前期投入；对于高品质的追求，通过细节彰显，如观景平台栏杆设计结合了人体工学及观景需求，扶手设计成一定的角度，并局部加宽，增加舒适度，并增加视线引导牌。

4 结语

南山生态公园作为一项民心工程，在锦州城市发展进程中，起到了举足轻重的作用，公园的建设积极推动了城市的南扩，在锦州市构建生态宜居城市中发挥了不可替代的作用，成为城市生态文明建设的范本（图 13）。

农文旅融合发展项目规划设计探索

——以枣庄市冠世榴园民族风情谷为例

杨芳菲

项目区位：山东省枣庄市

项目规模：139 hm²

起止时间：2024 年 4 月至今

项目类型：农文旅

1 项目缘起

山东省枣庄市冠世榴园跨枣庄峄城、薛城两区，东西长约 35 km，南北宽约 2.5 km，其历史可追溯自西汉年间，被联合国粮农组织官员誉为"世界少有、中国第一""天下第一榴园""冠世榴园"。

大理峪（图 1）位于冠世榴园中心区域，北靠郭山、大山、石屋山，南接榴花路与跃进河，东邻石榴博览园、万福园、三进书屋，西邻权妃墓、云深处飞行小镇、逍遥峪等景区，周边休闲旅游资源丰富、地理位置十分优越。

2023 年 9 月 24 日，习近平总书记亲临枣庄冠世榴园，对石榴产业发展提出殷切期望。枣庄市委市政府高度重视石榴产业发展。冠世榴园作为枣庄石榴产业发展的核心区与引领区，在产业发展中理应起到模范带头作用，而大理峪更是农文

旅融合发展的中心区域，融石榴文化与民族团结精神于一体。由此，当地展开了冠世榴园民族风情谷（大理峪）的规划建设实践之路。

图 1 现状鸟瞰图

2 总体设计

2.1 设计定位

在综合研判了宏观背景、资源条件、市场条件的基础之上，项目明确了自身的总体定位：依托于枣庄的地域文化资源、交通便利资源以及现有设施，充分利用既有冠世榴园的资源优势，打造面向未来的融合民族风情文化、石榴文化的沉浸式亲子特色风景区。本着核心导流、农文旅拓展、

互补发展，共同打造区域特色文旅生活目的地的思路，构建集一、二、三产业与农旅相结合的"美丽乡村"发展系统。

2.2 规划目标

风情谷将提供：民族风情文化与石榴文化体验式旅游、团建、研学、亲子体验等项目，包含餐饮、特色民宿等多方位服务。主要规划目标体现在5个方面。

①以石榴文化象征中华56个民族紧密团结，有机融合56个民族风情文化与枣庄石榴文化，表现民族团结的同时展现地方石榴文化、鲁南民俗文化、传统文化，以项目建设带动乡村振兴。

②结合国家可持续发展议程创新建设示范区枣庄样板项目，探索一、二、三产业综合发展的农文旅融合发展模式。

③深入挖掘和利用枣庄石榴文化元素，发挥冠世榴园的既有优势，与枣庄既有风景旅游区（台儿庄古城、红荷湿地、铁道游击队纪念馆等）形成系统性旅游特色资源，成为休闲旅游型城市的重要环节，打造省级旅游度假区、AAAAA景区。

④打造全国展现和体验民族风情文化的新地标，山东民族团结、民族风情文化的研学教育基地。

⑤打造枣庄以及周边地区沉浸体验旅游和亲子娱乐旅游的新地标。

2.3 规划设计

①山水格局营造。依托现状山谷地貌，梳理水系形态，整合现状泉眼、冲沟、水塘，形成东西双溪，构建"榴溪川、同心谷"的山水格局。

②确定功能布局。根据场地现状路网、建筑、自然条件，形成入口广场区、七彩花田区、民族风情街、温室大棚区、民族文化体验区、精品民宿区、水上娱乐区、溪谷休闲区、山地活动区、骑乘体验区、生态涵养区等11个功能区。

③塑造核心节点。结合景区IP，打造包括团结广场、团结门、团结桥、民族文化体验中心、庆典广场等在内的多个具有石榴文化及民族特色的景观节点（图2~图7）。

图2 团结广场平面图

图3 团结广场鸟瞰图

图4 "生生不息五石榴"中心地铺

图 5 花田区鸟瞰图

图 6 榴籽园效果图

图 7 花田区效果图

2.4 项目运营

依托景区功能布局，构建旅游体系，包括民族团结的党政教育之旅、民族文化与石榴产业的研学之旅、民族文化与生活的休闲度假之旅、民族与自然运动的亲子游乐之旅等四类旅游线路。

通过更为复合的文旅功能，满足现代旅客的消费需求，打造项目产品优势。

①核心文化主题下的复合文旅功能——以民族大团结、石榴产业为核心文化形成的党建、研学、游乐与亲子旅游体验；

②更为创意、智慧的空间展现——引入现代科技、设备与光影技术形成的文化性、体验性场景空间；

③更为自然、浪漫的生活场景——依托项目谷地、滨水、山林和果园形成的自然浪漫的生活场景；

④更具参与感、体验性的文旅产品消费——项目产品更注重产品与消费者的互动，积极引导和促进旅客参与其中。

3 项目思考

目前，该项目正在如火如荼的建设当中，建设的过程也是思考的过程，我们做对了什么？

3.1 精准定位，体现主流价值

据 2023 年数据显示，红色文化与旅游融合发展迅猛，通过红色文化与旅游紧密交融、合成一体，实现"1+1>2"的融合效应。

党的十八大以来，以习近平同志为核心的党中央高度重视民族团结工作，"各民族像石榴籽一样紧紧抱在一起"成为各族人民团结一致推进中华民族共同体建设的鲜明标识。冠世榴园作为我国最大规模的石榴产业园区，具有较深厚的石榴文化背景，将民族团结与石榴文化紧密融合作为冠世榴园民族风情谷的核心竞争力及战略方向，无疑是契合实际的。

3.2 文化赋能，激活乡村经济

中国文旅已进入一个"一切皆文旅，文旅赋能一切"的时代。文旅行业的边界正越来越模糊，外延在不断扩展。通过"文旅+"思维推动农文旅从观光旅游向休闲、体验、度假、康养等新业态转变，从打造沉浸式景观、创新研学体验、挖掘多元产品吸引力等方面促进农文旅融合发展。项目建成后将有机融合智慧农业种植、农业观光、农业科普研学等，有效带动贾泉村、北孙庄等周边村的联动发展，为农文旅融合发展的乡村振兴理念铺路搭桥。

3.3 聚焦主题，塑造专属 IP

为了提升大理峪的知名度和美誉度，设计紧紧围绕石榴元素，打造出独一无二的石榴文化旅游品牌。将大理峪的"石榴文化"与"团结精神"作为核心，以传统和民间石榴图案为母体，采用民间剪纸图案的形式，以顺时针旋转的动态架构象征"生生不息"，寓意：生生不息五石榴。在配色方面，采用了更具国际化风格的大胆鲜明的石榴红，带给人活力和热情的直观感受。以品牌形象为基础，设计衍生出具有石榴元素的特色图标，这些富有美好寓意的形象成了大理峪的标志，融入项目的点滴细节当中（图8~图11）。

4 结语

农文旅融合发展项目规划设计是一个复杂而系统的工程，需要综合考虑多方面的因素。通过保护生态环境和文化传统、深入挖掘地方资源、突出地方特色、强化品牌形象等措施的实施，可以有效推动农业结构转型，助力乡村振兴，实现农民脱贫致富，带动农村高质量可持续发展。

图 8 生生不息五石榴

图 9 民族石榴花纹样

图 10 文创产品（手提袋）

图 11 文创产品（T恤）

公园式商业景观设计初探

——以天津复地湖滨广场景观设计为例

周华春　崔丽　王倩

项目区位：天津市空港经济区

项目规模：16.2 hm²

起止时间：2015 年 5 月—2017 年 5 月

项目类型：商业景观

1　引言

城市商业、住宅是人类活动的印记，商业组团作为城市的公共活力性空间对城市形象会产生较强的影响。商业地产是一座建筑体或建筑组团，但由于其融于城市中，又正处于在国内经济发展腾飞转型跨越的时期，因此它应该被看作是有情感、有个性、有主张的生命体，在拥有华美的外立面的同时还应具有吸引人眼球的外部空间。商业景观设计应实现科技建筑与景观的融合，完美诠释出独具特色的多维场所，使之成为最具艺术氛围、最有公众性、最能反映整座城市内涵的公共开放空间之一。

2　相关概念

商业地产是指在开发商业性建筑项目的过程中，将投资估算、开发规划、市场定位、业态组合、销售招商以及后期运营管理等按一定的顺序作为一个整体来运作的房地产开发和业务经营流程。景观，是视觉发现具有美感的一切事物的结果，是现代园林发展的一种形式，将合理而具有创新意义的景观设计理念引入到商业地产景观项目中，对于城市景观的建设和发展具有深远意义。

3　项目概况

天津复地湖滨广场位于天津空港经济区中心大道与东四道交口，紧邻 50 万 m² 的碧波湖，周边 SM 城市广场、奥特莱斯、天津民航学院、图书馆、空港健身中心等商业、医疗、教育、休闲配套设施完善，充分体现了项目的高端居住品质和国际都市生活氛围。湖滨广场拥有小高层、联庭别墅、平层官邸等多线高端居住产品及法式风情商业街、低密商业别墅会所等高端商业配套，建筑及景观采用法式风格，地下停车入户、飘窗及空中花园设计，为项目营造了绿色生态的宜居环境，彰显社区奢华品质与现代时尚都市新生活。

设计总面积为 16 2051 m²，其中红线内景观设计面积为 134 787 m²，红线外市政绿化带面积为

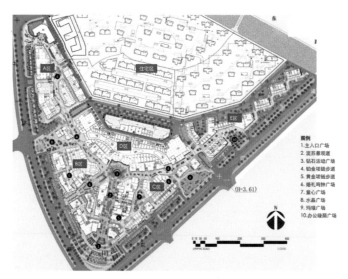

图 1 总平面图

图例
1. 主入口广场
2. 流苏景观道
3. 钻石活动广场
4. 铂金项链步道
5. 黄金项链步道
6. 婚礼鸣钟广场
7. 童心广场
8. 水晶广场
9. 玛瑙广场
10. 办公绿廊广场

N

(H=3.61)

东

图 2 夜景效果图

27 264 m²。

项目地块整体呈"V"字形,北部有一条 1 km 长的室外步行街道贯穿基地,沿途设计有一系列院落空间和广场,在未来成为连接项目西北侧的奥特莱斯和东北侧的 SM 城市广场的重要人行通道。项目中部通过一条贯穿南北的中央大道与千米步行街相贯通。本区内商业类型丰富多样,包含酒店、餐饮、娱乐、婚庆、时尚、文化等(图 1)。

4 总体设计

4.1 设计思路

从项目区位、建筑属性、公众需求出发,确定场地整体功能定位、空间构成,并通过符合项目风貌调性的理念与景观形式,实现功能、空间、景观、艺术、安全等多重场地诉求,创造独属这片场地的景观空间。

4.2 设计理念:多重链接与交流的项链

以"项链"为设计主题,通过交通系统将多种景观空间连接,把如宝石般发光的景观场所(商业活动广场、艺术空间、生态绿地等)串联在一起,形成如珠宝般闪耀的公园式商业景观(图 2)。

4.3 设计方法

4.3.1 以链为形,塑造不同空间性格

在充分理解现有场地空间基础上,力求生态、自然、尺度宜人,通过景观绿化的延伸、渗透,使不同空间环境有机融会贯通;通过竖向设计的变化,丰富商区的环境空间层次和景观特色。在商区环境的综合塑造中,通过环境设计赋予不同空间以不同的特色和含义,以形成不同空间性格。

4.3.2 以人为本,创造全时全龄复合共享

强调以人为中心,与建筑气质相协调。根据各区特色,合理设计商业特色景观、绿化空间环境以及休闲、康体娱乐设施,创造出一个高包容性、有特色、现代

的、与运营呼应、时尚优雅而又亲切温馨的公园式商业地产景观空间（图3）。

4.3.3 以绿为脉，打造公园里的商业街

通过景观绿化渗透、延伸，实现绿量最大化，同时将不同空间有机融合，打造高绿量、公园式商业地产景观。

4.3.4 以文化为魂，实现景观在地性

打造1 km历史文化轴，嵌入天津本土历史人文要素，实现商业景观的在地化设计。

4.3.5 以艺术为媒，打造场所记忆性

通过打造展现现代到未来的现代艺术轴，将"湖滨商业街"打造成汇聚"凝固艺术"的特色商业街，强化场所记忆感。

①景观区域"主题"化：设计充分利用商业空间的变化，采用相应的景观设计手法，打造梦幻婚庆、儿童娱乐、体验购物、风情餐饮、高端商务等主题式景观空间，以场景互动形式，吸引更多层次的人群驱车来到此地（图4）。

②景观雕塑"情景"化：打造"情景雕塑"的设计理念，在各区域性景观小品设计中重点打造，提炼出经典的人文雕塑，与现代风格景观相融合，将"湖滨商业街"打造成汇聚"凝固艺术"的特色商业街（图5、图6）。

5 结语

复地湖滨广场景观，通过两轴（现代艺术轴与历史文化轴）、三道、八空间，打造了一个如珠宝般闪耀的公园式商业景观，实现了场地商业性、共享性、生态性、文化性、艺术性多种价值。项目建设为滨湖广场区域营造了绿色生态的宜居环境、多元共享的活动空间，兼具未来感与历史韵味的文化艺术氛围，彰显了区域性核心商圈的奢华品质与现代时尚都市新生活。

图3 主入口效果图

图4 流苏景观大道

图5 景观小品

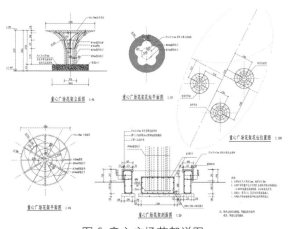

图6 童心广场花架详图

城市复苏的绿色引擎
——以天津八里台社区公园为例

崔丽

```
项目区位：天津市津南区八里台镇东区
项目规模：7.68 hm²
起止时间：2023 年 7 月至今
项目类型：社区公园
```

图 1 日景鸟瞰图

1 项目意义

天津市政府将八里台公园项目列为市重点民生工程，旨在通过此公园的建设来改善当地居民的生活质量、促进经济的发展和社会的和谐稳定。我院通过创新设计将为当地居民提供一个优质的生活空间，展现政府对民生问题、城市发展的关注和扶持（图 1）。

2 公园选址

突破以往的设计流程，从项目选址开始。工作初期，配合相关部门进行项目选址及规模判研，从区域位置、配套设施、交通条件、利用效率等方面综合考虑，最终确定公园选址于八里台东路东侧、阁榭路南侧地块，服

务范围为八里台镇区东区，服务规划人口约 6.8 万人。公园性质为社区公园，规模为 7.68 hm²，同时对此地块土地用途进行控规调整，由商业服务业用地调整为公园绿地，并纳入新编国土空间规划当中，填补了八里台镇区东区缺少公园绿地的空白。

3 总体设计

公园设计坚持以人民为中心的理念，一切以人民的需求为出发点，切实增强人民的幸福感、归属感和满意度，增强政府的公信力。设计结合区域人口年龄和区位特征，提出公园定位为以"运动健身为主题"的社区公园，以"营造运动空间，焕新城市风貌"为目标，满足

区域内中青年为主、兼顾全龄的全民活动需求，构建公众喜爱的开放空间，不断提高城市品质和市民幸福指数，树立北方社区运动健身公园的新标杆（图2）。

方案一选用曲线平面构成，赋予公园更多的流畅感和旋律感，营造出优美的线条和视觉效果，来凸显充满活力的动感氛围，但平铺直叙，没有展现项目本身特点，放到其他项目亦适用；方案二采用旋转网格的平面形态，合理组织和布局道路、种植、配套设施等设计元素，共同构成公园的清晰结构和独特形态，凸显运动公园氛围

图2 公园总平面图

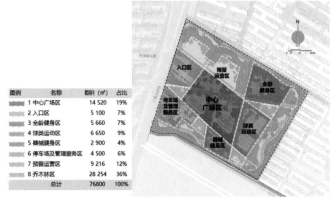

图3 公园功能分区及面积占比

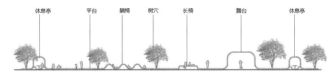

图4 公园标志立面展开图

感，为百姓带来丰富的视觉和体验，同时，记录2023年八里台镇发生的地质灾害，以示警示。经过方案比选，业主选取动感网格形态，来构建一个结构清晰、功能完善、体验独特且具有强烈吸引力的八里台公园，体现了项目建设初衷。

在动感网格格局之下，回应新时代人群对更高颜值、更深探索、更强互动的追求，形成中心广场区、入口区、全龄健身区、球类运动区、器械健身区、停车场及管理服务区、预留运营区和密林区八大功能分区（图3）。其中中心广场区设计公园标志（图4）和多功能复合场地，包括轮滑场地、智慧健身场地及广场舞场地等，形成公园核心区域；全龄健身区为不同年龄段的人们提供锻炼和休闲场所，分为幼儿场地、儿童场地、家庭场地等，在促进人们交流的同时，成为全家享受户外运动的亲子聚场；球类运动区设计了多样化、多类型的球类运动场地，包括标准篮球场、标准五人制足球场、标准排球场、街头篮球等场地，是一个促进运动、社交和健康的能量运动场；器械健身区设计了具有安全性、人性化的健身空间，包括热身场地及不同强度的健身器械场地，形成了一个吸引更多参与者的区域。设计注重各功能分区之间的连贯性和协调性，确保各功能之间的联系顺畅，形成统一的整体风貌，突出生态、大绿和运动融合，为公众提供高品质的休闲体验，营造更"轻"、更"绿"、更"嗨"的公园。

4 问题与对策

设计者希望通过丰富的、充满吸引力的

体验以及可持续的运营维护，复苏八里台地区。

4.1 如何形成功能与形式的统一

设计提出"几何递进"的空间概念（图5），将场地由现状宁静的九宫格平面，通过旋转拉伸，转变为充满活力的动感网格平面，以此形成运动公园的氛围感，同时具有纪念性。空间概念具有三点含义，其一，动感网格区别于曲线构图，形成了具有现代主义风格的多廊联网结构；其二，无论是从津南区还是从天津市来讲，这种平面形态具有唯一性，能够为周边市民提供差异化体验，体现唯一性；其三，活力网格便于留白，将为后期市场运营提供较高的弹性和自由度。

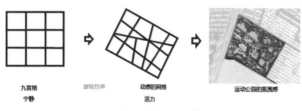

九宫格　　　　旋转拉伸　　　动感的网格　　　运动公园的氛围感
宁静　　　　　　　　　　　活力

图 5 公园空间概念推演

4.2 如何营造公众喜爱的公共开放空间

营造公众喜爱的公共开放空间并推动八里台社区的复苏。设计提出了八个研究方向，包括精准的人群画像、环境舒适度、开放空间的安全性、丰富的体验度、提高造访动机、完善的配套服务设施、复合功能的场地及与周边居民建立联系，针对以上研究方向采取相应措施，八里台社区将打造一个包容、活跃且具有吸引力的开放空间，提升居民的幸福感和获得感，促进周边地区的经济和社会发展，实现经济上和社会上的互利共赢，为社区的复苏和繁荣奠定坚实基础（图6）。

图 6 夜游花园鸟瞰图

4.3 如何实现公园运维可持续

以往的公园都是重前期，轻运营，现在政府财政紧缩，运营前置是趋势。设计中匹配运动主题，列出商业机会清单，包括运动商店、运动月卡、体考培训、跨界零售、运动轻餐厅等。通过强化运营，减少公园后期运维费用，提升公园服务城市的能级，实现综合品质提升和长效运行维护的总体目标。运维目标分为两期实施，一期为草坪，满足运动健身公园的基本功能，利用网格区域进行二期运营建筑的留白，二期增加进行市场化运营建筑及设施。

5 结语

八里台社区公园目前在建。公园的建设对城市的焕新起到积极影响，可以改善城市环境、促进经济发展、提升居民生活品质，并在可持续发展的道路上迈出坚实的步伐，为城市的未来发展奠定可持续基础，让我们共同期待八里台社区公园的建设能够为城市带来更美好的未来！

京津冀生态圈东部森林湿地群的建造
——天津市滨海新区与中心城区中间地带绿色生态屏障建设总体规划

吉训宏

项目区位：天津市滨海新区与中心城区中间
　　　　　地带

项目规模：736 km²

起止时间：2018 年 1 月—2018 年 11 月

项目类型：平原造林

1　项目背景

为全面贯彻习近平新时代中国特色社会主义思想和党的十九大精神，牢固树立"绿水青山就是金山银山"的理念，扎实推进京津冀协同发展，使天津与北京、廊坊、保定三市的森林湿地有机连接，形成京津冀地区大尺度生态圈和森林湿地群，通过大型绿色基础设施的建设推动天津实现高质量发展、绿色发展，加快推进生态宜居现代化天津的建设步伐，给百姓提供更多的优质生态产品，天津市第十一次党代会提出"滨海新区与中心城区要严格落实中间地带规划管控，形成绿色森林屏障"的

重大部署。

2　项目概况

这是一个国土尺度的绿色基建工程，是天津市构建国土空间优质生态格局的压舱石；管控区规划建设涉及天津市五个行政区，总面积达736 km²，其中一级管控区面积 446 km² 作为造林范围。现状用地包括一般耕地、未建设用地、基本农田、房屋建筑用地、农业设施、现有林地、水域、建设用地和其他用地。

3　功能目标

连接双城，形成双城的森林、生态共同体（图1）。将城市中原有的斑块林地，连网成片，以环贯通，以带连缀、以楔集聚，从而形成良好的生态格局，实现天津市森林资源分布均衡发展，区域生态环境优化，水源涵养功能加强，为居民提供生态优美的游憩场所。

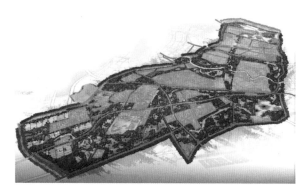

图 1 总体效果图

4 应用技术

4.1 综合统筹

采用多规合一、多学科统筹的技术路线，精准对接生态安全规划、绿地系统规划、市级绿道规划等，统筹河湖坑塘、地域植物自然群落、生物种群、土壤降碱等多系统，构建野生动物游憩的山水林田湖草共同体。

4.2 "高林低水"造林技术

运用近自然林、异龄森林、混交森林等多种技术手段自然回归高盐碱地区"高林低水"的林地特征。

4.3 落实保障

通过建立切实可行的造林技术导则及措施，确保项目的落地性，以近自然林的形态描绘出"双城之间"的山水林田湖草生态画卷。

5 规划原则

地理条件决定林地的构成，通过丰富的树种、规格混植成林相自然的生态林地，同时，强调森林的可接近性，实现人与自然和谐共生的原则。

6 规划定位

依据功能和区域地理特征把总体定位为具有国际标准，符合雄安新区造林品质、技术参数和管理模式，大幅改善区域生态环境，有效控制双城的无序扩张的京津冀生态圈东部森林湿地群，以及与场地高度契合、水绿交融、人林互动的"大林大水、生态屏障"（图 2）。

7 规划布局

以"八廊、五湖、百塘、多溪、六十万亩林田"

图 2 高林低水的乡土森林湿地

的总体布局，构建区域的山水林湖、野生动物、森林游憩的共同体（图3）。

8　林地模式

依据现有肌理和地块性质，将用地划分为道路林带模式、森林湿地模式、片林模式和生产性景观林地模式四种主要林地模式（图4）。

9　林相模式

建设多模式复层近自然林，彰显场地水陆特征，突出林水交融，塑造优美岸线；科学搭配落叶、常绿、观枝、

图3　森林湿地空间格局

图4　道路林带模式

观果等植物，确保四季景致；大绿浓荫中点缀彩叶植物，塑造色彩丰富的林相；以乔、灌、地被、草等多品种、多规格、多层次的植物搭配构建错落有致、林相丰富、高郁闭度的厚重大绿。

10　项目效益分析

10.1　生态效益

通过大范围的植绿增绿优绿，天津市林地面积将持续增加，森林生态功能将进一步完善，宜居生态城市建设步伐将进一步加快，实现"大绿、大美、大生态"的格局。规划实施后，区域内每年将增加森林固碳量253万 t、蓄水量297万 m^3，每年可减少水土流失30万 t，每年可吸收 SO_2 达24.4万 t。

10.2　经济效益

在大规模营造生态公益林的同时，注重经济林和速生丰产林以及林地经济建设。根据不同林种、不同林龄、不同密度采取不同的经营方式，以圃代绿。在提供生态产品和大量苗木的基础上，带动了农民增收致富。

10.3　社会效益

通过重点道路、重要河道以及村镇等绿化，特别是在中心城区和滨海新区周边，大规模实施郊野公园建设，在提升城市整体形象的同时，为我市城乡居民营造宜居的生态环境，提供更多的游憩场所，逐步把天津打造成水绕津城、城在林中、天蓝水清、郁郁葱葱、舒适宜居的美好家园。

新时代下的津派园林文化焕新
——天津市水西公园景观规划设计

杨一力

项目区位：天津市西青区

项目规模：140.57 hm²

起止时间：2012 年 9 月—2022 年 8 月

项目类型：城市综合公园

1　项目概况

1.1　项目尺度

水西公园项目是近年来天津市城市公园体系构建工程中的经典力作（图1）。项目地处天津市西青区候台片区，占地 140.57 hm²，总投资 10.8 亿。

图 1　总平面图

1.2　项目难点

基址地下遍布淤泥，整体承载力差；地上物构成复杂，林木稀少；排水河、铁路专用线、穿园市政道路的存在使地块碎片化严重……种种不利因素对公园的规划构成了极大的挑战。

2　设计理念

依托天津独特的多元文化构成，以"运河文化"提炼形成公园的南北特色传统园林景观基调，在此基础上融入"租界文化"独有的中西融合建筑风格，形成"古今交融、中西合璧"的设计理念，引领天津综合城市公园建设新潮流。

响应国家"推动高质量发展、创造高品质生活"的要求，以"健康、智慧"为理念，把公园作为深度融入城市体育新型设施、提升城市地块复合效能的示范点，开创了城市公园市民康体设施布设的智慧关怀模式（图2）。

3　总体规划

依托"美丽天津"规划蓝图，立足新时代生态建设理念，领衔"健康城市"建设，在尊重场地自然肌理的基础上，挖掘"古今交融、中西合璧"的地域文化内核，打造津派园林代表作（图3）。

4 空间结构及景点布局

公园为"一环三区"的空间结构。东部以"十亩清池，树带花移，小借江南，方亭曲槛"的幽雅景色为特色（图4）；中部构建水阔林深之景观格局；西部借深淤区，营造水道幽深、芦花飘荡的湿地盛景。

三个分区以环线主园路串联，构成完整的游览体系。全园共布设19个精致的人文景点，以中式风格为基调，融合南、北派传统园林风格，结合植物空间营造，展现"水、桥、房"的空间格局，"黑、白、灰"的民居色彩，"轻、秀、雅"的建筑风格，"情、趣、神"的园林意境（图5、图6）。

同时，设置天津公园中规模最大（4 hm²）、设施最齐全的全民运动健身场所——体育园（图7），打造"全龄全时全面"之全民运动健身场所，开启天津市体育元素融入绿色生境的篇章。

5 技术路线

5.1 确保公园地块的完整性

引导多部门调整不利于公园建设的条件，通过有效协商把规划中平交穿越公园市政道路改为下穿或降低道路等级并限制机动车路权；取消现有

图2 总体效果图

图3 古今交融的总体风貌

图4 公园东部景观

图 5 屋南小筑

图 6 静园

图 7 体育园

割裂公园的铁路支线；把园中排污河移至公园外围。在与多类型人工干预活动的博弈中，规划最终保障了公园空间和生态格局的完整性得以延续和提升。

5.2 生态技术集成

5.2.1 科学配植强化生态效益

在植被方面，从植物多样性指数、植物丰富度指数、地带性植物自然群落等多角度研究论证，科学配植，以乔木复合林＋堤岛生态林＋生态湿地为主，强化公园作为城市生态格局中重要绿楔的生态功能（图8）。同时，增加乔木的种植，实现92%的林木覆盖率和100%的林荫路覆盖率，并在此基础上布设多处精美的特色植物景观空间，构建融精美细腻与生态自然于一体的户外植物科普园，强化"生态为民"。

5.2.2 生境营造提升

以天津优势鸟类物种为目标物种，打造地被、灌木、乔木的水平群落模式，营造串联湖泊、湿地、草地、林地的复合生境系统，实现公园生态系统的自我平衡和健康发展。

5.2.3 水生生态系统构建

针对项目区新建水系、生态系统结构不完善的问题，构建清水型生态系统，提升水体的自净能力。

选择太阳能曝气机对水体增氧，增氧适中，有效保护和修复湖泊生态系统并提升公园景观效果。

5.2.4 双碳目标践行

增加乔木的配植比例，优选固碳能力较强的植物品种加以应用，践行"碳达峰""碳中和"标准。规划中把建筑设计和光伏并网发电系统统一考量设计，建筑屋顶装设光伏并网发电系统，实现碳减排。

5.2.5 淤泥固化及资源化利用

针对现状低洼地存在的大量淤泥，采用淤泥固化脱水处理技术，处理后的淤泥作为填充料和基础不予搅动，使其具有足够的承载力、强度和整体稳定性，减少场地土方量并解决了淤泥处理周期长、投入高、受气候条件影响的问题。

为解决公园西部 20 hm² 的深淤区不稳定的地基承载力问题，采用真空预压＋水载法的地基处理方式，在保障工程经济性的同时也极大地提升了公园的建设和使用安全。

6 津派园林新活力

6.1 新津派园林传承

立足"北运河"历史文化信息，挖掘天津特有的造园文化内核，提炼出公园的南北特色传统园林景观基调，构建天津最大规模的南北古典园林集中展示地。

6.2 健康城市

公园的设计注重对市民身体、心理健康及社会功能的积极促进，从健康环境营造、贯穿全园的运动设施（环湖跑道＋体育园）等多角度努力提升人们的健康意识和健康素养，打造天津健康城市示范基地。

图 9 健康公园

图 8 生态画卷

6.3 儿童友好

充分分析儿童的行为偏好，营造尺度亲密，空间紧密，色彩鲜艳的空间环境，打造集探索与交流于一体的儿童友好型公园。

6.4 智慧公园

"智慧人本"理念融入公园设计，将室外广播、紧急求救、视频监控、停车场管理、设备 IP 网、机房动环境监测、智能灯控等智慧公园系统与公园功能空间全方位结合，创新公园模式。

荣归自然的都市运河
——京杭大运河济宁段沿岸生态景观构建

吉训宏

> 项目区位：山东省济宁市
> 项目规模：924 hm^2
> 起止时间：2012 年 11 月—2022 年 10 月
> 项目类型：城市滨水生态廊道

1 项目概况

1.1 项目规模

始于春秋、成于隋唐、荣于元明清的京杭大运河是中国水利史诗级工程。2012 年济宁市为推动城市西拓发展，对长为 18.8 km、面积达 924 hm^2 的济宁段京杭大运河沿岸启动生态景观建设工作（图 1）。

1.2 场地情况

场地条件复杂，规划范围内有林地、滩地、庄稼地、待迁村庄和工厂、工业作业场和料场、淤泥堆填场等多种属性地块和设施；生态薄弱，以南水北调为核心功能的运河水利工程造成了河道与城市生硬分割的现状（图 2）。

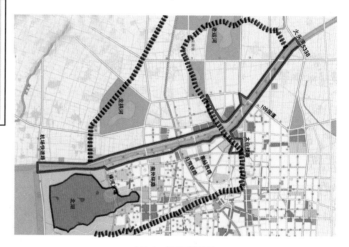

图 1 总平面图

图 2 现状风貌

2 机遇和挑战

2.1 机遇

本项目源于济宁市制定通过运河生态景观建设先行、

122

助推城市西拓发展的历史机遇（图3）。站在城市层面进行规划审视，将济宁市以文化、生态优先的城市发展战略作为实现京杭运河沿线景观文化廊道的着手点；济宁市作为"运河名都"决定了本段河道景观具有最高的运河文化高度；巨大的场地规划尺度和多元的资源构成确保项目具备创造优质区域生态的条件。

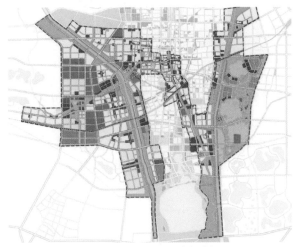

图3 三河六岸战略规划

2.2 挑战

机遇重大，要实现项目的战略目标，规划中需解决众多挑战，包括：景观带的建设过程中如何实现生态与人文需求之间的平衡；如何使景观带与城市共同长生、相互促进；如何在满足河道水利要求的基础上，创造丰富的景观并满足市民向往滨河休闲的功能；如何优化沿线生态系统，等等。

3 项目规划定位

基于场地多元的资源和对城市发展战略的把握、对运河的尊重，我们在对传统文化进行继承保护、创新发展的基础上，将以"生态文明建设"为主线，在保证河道基本功能的前提下，把构筑

大水、大绿、生态大美的"都市运河、人文廊道、大美梁济、荣归自然"作为规划定位（图4）。

图4 总体效果图

4 规划统筹

为完全融合城市、梁济运河和老运河三者的关系，结合基地现状，规划从以下5个方面进行统筹。

4.1 以运河为基底，倡导新运河城市主义

强调塑造大水、大绿的运河区域生态大美，采取珍视、继承、保护的态度，发展遗产形式，注入新的功能，为济宁进一步国际化提供发展契机。

4.2 生态先行

通过建立外部连接、内部贯通的生态廊道，采用雨水回收、土壤改良、生态泡等多种生态设计手法优化区域生态。

4.3 倡导集约

通过多种方式打造节水、节材、节地、节能的节约型场地。

4.4 放生运河，自然化运河

通过植物群落、地形塑造等多种方式对现有

的僵硬驳岸、防洪堤进行柔性、隐性设计，让运河回归到自然形态之中。

4.5 融于城市

通过空间连接、功能场地配置以及生态通道和景观视线的构筑，把景观带融于城市之中（图5）。

5 规划主题

济宁的文化魅力及独特之处在于儒家文化与运河文化在此交融。最早的儒家文化经典之一——《诗经》，因风、雅、颂闻名于世，是中国诗史的光辉起点。如今，凭借着大运河的复兴，济宁必将站在发展潮流的光辉起点之上。因此我们把"风""雅""颂"作为济宁运河的规划主题，然后通过船桨、画卷、印章、水闸等运河核心文化景观元素统领整个景观空间（图6~图8）。

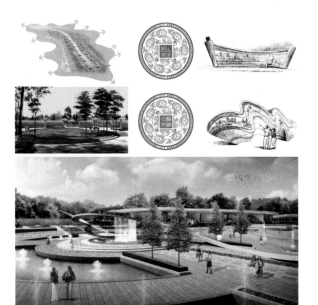

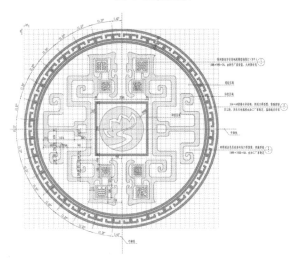

图 6 文化元素

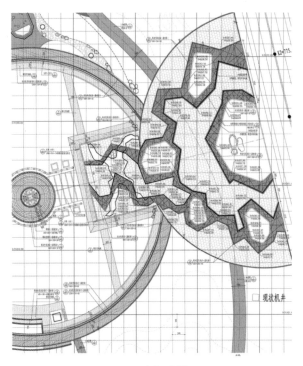

图 5 空间连接

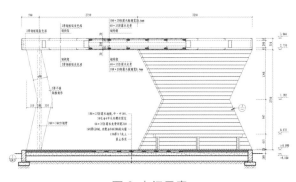

图 7 印章元素

图 8 水闸元素

6 总体景观结构

面对极其复杂的场地情况，我们锚定规划目标、落点规划主题，采用"综合集成"加"交互校正"的规划方法，以功能为导向进行科学布局，形成一条 18 km 运河文化长卷、"风""雅""颂"三大段落篇章、七个园济宁文化特色园、多个景观节点的总体景观结构（图9）。

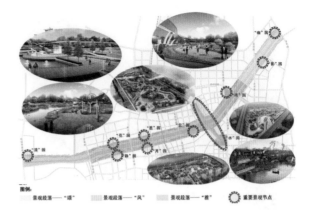

图 9 总体结构

7 重要细节把控

7.1 如何实现自然的河道景观风貌

以满足河道功能为前提，结合雨水回收系统，通过绿色空间的异质性实现隐性防洪堤和柔性驳岸的营建，让运河回归自然。

图 10 草滩卵石步道

7.2 如何组建畅通的城市网状慢行体系

在城市交通体系层面分流堤顶路的过境交通功能，合理布设停车场、游船码头，精准对接社区，设置贯穿全线的慢行步道、空中栈道、水上巴士等设施，打破防洪堤和河道等对两岸的空间分割，实现"由家进园到河"的优质游憩网络（图10）。

7.3 如何生成自然的运河植物景观风貌

充分考虑运河不同水位、周期和水利要求，模拟本区域自然河流两岸的植物品种和群落构成，对二滩、堤防、外侧绿地进行水生至陆生的植物自然群落配植（图11）。

图 11 运河田园朴趣

7.4 如何实现城市共享绿地的自我造血功能

沿线留出适度的商业开发用地，以开发运河文化产品为方向，设置购物、餐饮、休闲娱乐、养身、民俗工艺等精品项目，实现文园共生（图12）。

图 12 运河文创街

半干旱地区水系生态治理的新实践
——内蒙古鄂尔多斯阿布亥沟水生态治理工程

王珺　陈晓晔

项目区位：内蒙古鄂尔多斯市

项目规模：1 014 hm²

起止时间：2023 年 9 月—2024 年 6 月

项目类型：水生态治理

图 1　上游现状照片

1　项目背景

阿布亥沟位于内蒙古鄂尔多斯市市府所在地康巴什区，河流连水穿城，是康巴什城区重要的安全和生态屏障，是鄂尔多斯市绿色转型升级进程中"宜居暖城"与"幸福河湖"建设的引领性工程。

2　项目区位与基地现状

本次设计范围全长 16.5 km，规划面积达 1 014 hm²。阿布亥沟是典型的季节性河流，上游来水极不稳定，7—8 月主汛期来水占全年水量的 79.26%，11 月—翌年 2 月为枯水期，河流旱涝转化剧烈（图 1、图 2）。

阿布亥沟流域呈黄土丘陵地貌，河沟下切，地表侵蚀强烈，冲沟发育，植被稀少，水土流失严重。河道两岸缺少必要的道路和休憩设施，与城市割裂，可达性差，缺乏亲水空间（图 3）。

图 2　中游现状照片

图 3　下游现状照片

3 设计难点

如何通过构建低影响、低维护的高品质城市公共生态体系，为阿布亥沟生态廊道打造更有韧性的生态演变，是本次设计的重点。

①鄂尔多斯属于半干旱大陆性季风气候，年平均蒸发量达降水量的 7 倍，地表水资源匮乏。如何保障阿布亥沟全年稳定蓄水和集约增绿成为项目的两大难点。

②阿布亥沟流域为水土流失严重区域，河水平均含沙量达 150 kg/m³。如何有效控沙净水成为设计的关键要素。

4 设计对策

半干旱地区生态水系的科学营建，应采取合理蓄水、节水设计，采用系统控沙生态治理策略，营建韧性消落、蓝绿互补的生态系统。

4.1 合理蓄水

充分利用雨洪资源和疏干水等非常规水源，科学测算来水量，确定合理蓄水规模。上游郊野段利用滩地生态净化沟渠输送疏干水，中下游城市段引入复合堰坝系统，布置 10 道蓄水堰坝，实现多级分段蓄水，兼具拦沙、景观、交通等多种功能。实现全流域通水，稳定蓄水的目标，蓄水面积达 212.45 万 m²。

4.2 节水设计

从鄂尔多斯本土植物中甄选耐干旱、抗风沙且自播能力强的植物共 58 种，进行科学合理的配植设计。按照对水因子的需求程度，由水及陆，由喜湿到耐旱，形成景观防护密林（耐旱）+ 疏林草地（中生）+ 滨水灌草滩地（喜湿）的林相

布局。在确保行洪安全的同时，打造韧性集约的节水型植物景观。

4.3 系统控沙

方案贯彻系统设计理念，采用全流域联动控沙和全断面系统控沙两大措施，控沙净水，提升水质。

措施一：全流域联动控沙。

阿布亥沟上游采取"滩上引水，滩下过洪，清浊分流"的方式；中游采用"阔水蓄洪，多级留沙，沉沙净水"的方式；下游利用"两级河道，叠堰蓄水，沙水分离"。通过控沙措施对上中下游进行全覆盖，最终实现全流域联动控沙，确保水质不低于Ⅳ类水，打造清洁水环境。

措施二：全断面系统控沙。

建设系统大海绵，将海绵设施与水土保持设施、水利工程设施叠加耦合，打造固沙 – 滞沙 – 拦沙 – 滤沙 – 留沙生态控沙体系，实现全断面净水控沙。特别是将滞蓄型海绵设施单体规模提升 10%，增强应对汛期极端降雨和高含沙地表径流能力，打造韧性强海绵，TSS 去除率 50% 以上。

5 设计内容

本案例致力于从水安全、水环境、水生态、水景观、水文化、水智慧六个维度实施生态治理，以 38 km 秀林绿道为主线，串联十大核心景点，形成"一廊、三区、十景"的空间布局。从而实现设安全格局、筑生态基础、惠百姓民生、补服务短板、强科技亮点的全方位多元共赢，打造暖城绿谷、四季之河。

5.1 休闲共享段

该段位于阿布亥沟下游，贯穿赛车城、艺术

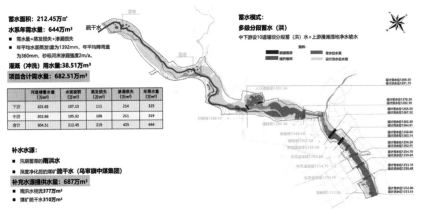

蓄水面积：212.45万m²
水系年需水量：644万m³
■ 需水量=蒸发损失+渗漏损失
■ 年平均水面蒸发量为1392mm，年平均降雨量为360mm，砂砾河床渗漏强度2m/a。
灌溉（冲洗）用水量：38.51万m³
项目合计需水量：682.51万m³

	河道槽蓄水量（万m³）	水面蒸发（万m³）	蒸发损失（万m³）	渗漏损失（万m³）	年需水量（万m³）
下游	101.65	107.13	111	214	325
中游	202.86	105.32	108	211	319
合计	304.51	212.45	219	425	644

补水水源：
■ 汛期蓄滞的雨洪水
■ 深度净化后的煤矿疏干水（乌审旗中煤集团）
补充水源提供水量：687万m³
■ 雨洪水径流377万m³
■ 煤矿疏干水310万m³

蓄水模式：
多级分段蓄水（洪）
中下游设10道壅坝分段蓄（洪）水+上游漫滩湿地净水输水

图4 水量、水源分析图

植物选择：耐干旱、抗风沙，自播力强的本土植物　　　林相布局：景观防护密林+疏林草地+滨水灌草滩地

■ 本土强抗性植物28种
乔木：樟子松、蒙古栎、新疆杨、蒙桑、沙枣、蒙古扁桃、桃叶卫矛、茶条槭、五角枫
灌木：沙冬青、柠条、花棒、桎柳、红柳、罗布麻、互叶醉鱼草、文冠果、枸杞、四季玫瑰
地被：沙鞭、金叶莸、鄂尔多斯小檗、草木犀、披碱草、沙生冰草、紫花苜蓿、马蔺、百里香、大苞鸢尾

■ 自播力强地方特色植物30种
草原野生花草
链 牛儿苗
石 竹
二色补血草
火绒花
蓝盆花
田旋花
荒漠风毛菊
木岩黄芪
小 蓟
蒲公英
翻白草

图5 节水设计分析图

图6 漫滩净化分析图

岛两大城市片区和东入市口。充分考虑气候水文特点，针对裸露河滩，采用本土速生草自播+人工复绿相结合的方式，实现河流消落带的快速复绿，以绿代水，从而实现低影响、低维护韧性河流的营建。结合现状台地地形与空置构筑物，引入本土观花彩叶植物，形成多彩花台，与缀草漫滩相互映衬，在入市口打造门户型的生态景观——莲池飞瀑。

5.2 亲水活力段

该段位于中游体育中心城市片区，以3km环湖绿道贯穿特色花园群，形成环湖彩环，环绕春岛、夏洲、秋屿特色岛群，构建北湖生态林境。结合全龄全季的水上娱乐活动策划，营造北湖乐舟的核心活力场。

5.3 生态保育段

该段位于河道上游郊野区段。设计在确保安全保障的基础上，综合运用了多维河道、生境抚育等措施，打造蓝绿交织的生态廊道。

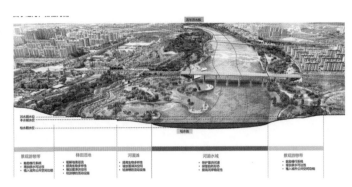

图 7 韧性河流分析图

图 8 下游花台飞瀑效果图

图 9 中游效果图

图 10 上游鸟瞰图

措施一：河道近自然化。

尊重场地肌理，局部优化修整。结合河道疏浚，形成深潭浅滩、洲岛河湾多样性水文地貌，为湿地生物栖息创造适宜生境（图4、图5）。

措施二：多级河道。

设计主河道＋子槽的多级河道，深挖子槽，确保枯水期满足最小生态蓄水量（图6、图7）。

措施三：栖息地营建。

构建了包括混交密林、灌草堤坡、浅塘湿地等6类生境，为小型鸟类、小型哺乳动物、昆虫提供微栖息地，提升了生物多样性。核心景点为以鸟类、鱼类保育繁殖、科普宣教为主的翠谷闻莺和以低维护观赏草、宿根花卉大尺度栽植为主的长滩花海，营造了多样异质的水文环境和植物群落，实现人与自然的和谐共生（图8~图10）。

6 结语

阿布亥沟水生态治理工程自2023年10月开始，项目团队围绕生态修复、水土保持等重点领域持续性开展深入研究，使设计方案日臻成熟。期待未来工程建设让阿布亥沟变成黄土台塬上的暖城绿谷、四季之河，成为北方半干旱地区水系生态治理的成功典范。

自然绽放 韧性之河

——滨州秦皇河公园景观设计（重构城市景观生态轴线）

孙文宇

项目区位：山东省滨州市经济技术开发区

项目规模：133.6 hm²

起止时间：2012 年 1 月—2014 年 1 月

项目类型：滨水公园

1 项目概况

1.1 希望之地

项目场地内除了一座与住宅区一起共建的小公园外，其余都是窄窄的水渠，渠边为杨树林，青青的渠水与青青麦田让人仿佛置身在郊野田园中，零星的工业厂房提醒我们这里是城市发展的希望之地，新区发展的动力引擎。

1.2 项目区位

秦皇河公园位于山东省滨州市市区西南部经济技术开发区境内，全长约 7.8 km，公园规划平均宽度 226 m，总面积约 133.6 hm²。秦皇河是连接滨州"四环五海"绿地水系的重要纽带，是开发区重要的南北蓝绿轴线，河道形态狭窄平直，缺少变化，基地环境呈现出由城市到郊野的过渡趋势（图1）。

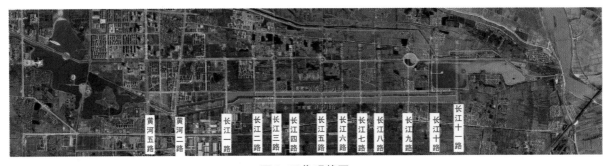

图 1 区位现状图

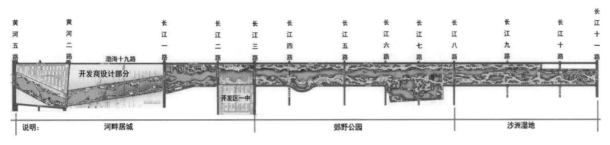

図 2 总平面图

1.3 希望的开始

为了激活城市"存储"地带的活力,我们从项目的地脉和文脉出发,以水文特征为导向,顺应城市发展趋势,保护生态基底,坚持河城共生理念,打造生态廊道、城市名片、休闲苑囿综合体,实现城市与河流自然的和谐共生、韧性发展。设计旨在改善区域自然生态,提升区域景观品质,带动与促进城市建设新一轮的飞跃(图2)。

2 难点与挑战

2.1 水系连通

如何在保证水系畅通、保证城市北部地区的用水需求功能下兼顾景观功能(图3)?

图 3 生态水系

2.2 公园交通与城市交通

项目作为全开放的带状滨河公园,如何解决

被城市道路分隔为多个段落的问题?公园的整体性问题是需要从多方面思考的,涉及每个段落的入口、园路的串联、游览的便捷性以及城市发展阶段的弹性预留等。

2.3 保留与利用

对场地内现有林地、坑塘进行充分利用,成为公园重要的生态骨架与景观本底,可以实现公园生态与经济的双重效益(图4)。

图 4 四景台

3 应对策略

3.1 延续场地精神

以黄河湿地为模本，岸形化直成曲、自然做功、滞沙净水、围湾成趣、漫滩为景、师法自然；贯彻海绵城市设计理念，多措并举，提升绿地海绵效应；种植设计与乡土植物的本底生态架构相互衍生与融合，构建南北廊道生境。

3.2 多元与均衡

在设计过程中，景观多样性与功能实用性兼顾，生态防护与市民多样性休闲需求兼顾，公园公益性与经济收益兼顾，力争达成社会、生态与经济效益的均衡发展。

3.3 融合与本土化

设计汲取自然风貌与历史文化元素，彰显地域特色，力争打造独具魅力的城市公园；结合城市总体规划合理布局，使公园融入城市总体格局，成为区域景观体系中独具魅力的一环（图5）。

图5 "快乐鸟"乐园

4 实践成果

4.1 河畔居城

设计旨在基于城市文化与发展底蕴，提升景观服务功能，激活河畔空间，打造完整而连续的滨河岸线活力场。

黄河五路至黄河二路段河道两侧为高密度新建住宅，城市化氛围浓厚，设计以秦始皇东巡盛景为主题的"齐鲁长廊"和以四季植物景观为主题的"四景台"组合成为本段落中心景观。通过简洁的造型、壮观的体量和鲜明的色彩，塑造地标式景观，成为展示滨州城市形象的靓丽名片。整体设计采取新中式风格，景观细节融入剪纸等地域特色元素，实现传统地方文化与现代新城背景的融合（图6）。

图6 齐鲁长廊

4.2 郊野公园

基于城市南部空间建设与自然生长弹性，设计以产城融合发展理念，打造郊野生态基底，以游养园，最终实现生态与经济效益。

长江三路至长江八路段，以展示生态自然的田园风光为主。梳理林地、苇塘等场地资源后，设置"快乐鸟"乐园、荷香馆等生态游览设施与景点，为市民提供郊游野炊、观鸟赏鱼、度假消闲的场所，同时引入风车、花田等特色景观，打造富于异域风情的郁金香节。通过"风语花田"这一著名旅游品牌的塑造经营，聚拢人气，发展赏花经济，实现公园经济效益与社会效益、生态效益的均衡增长。在人工景观设计上贯彻海绵城市设计理念，广泛运用透水材料和海绵工程措施，增强公园渗蓄水能力（图7）。

图 7 风语花田

4.3 沙洲湿地

基于城市自然生境更新演替，打造城市生态滨水景观。

本段落位于公园南端，主要通过人工湿地建设和周围环境的生态修复，净化上游来水（黄河水），经过沉沙清流，为公园及市内其他水系提供优质水源。同时，通过对黄河滩地景观的模拟再现，塑造出地域特色鲜明的滨水景观，也为湿地生物提供了良好生境（图8）。

图 8 生态湿地

5 我们的新希望

在长达四年的建设历程中，我们始终坚定贯彻"注重生态、合理开发、风格自然、彰显文化"的方针，以本土植物和低养管植物为主形成大绿基调，以引种植物精品配置为亮点，既提升品质，聚拢人气，又节约成本，减少人力与资源消耗，降低后期管理压力，构建多元化集约型植物景观。

经过不懈努力，秦皇河公园建设已成为滨州南部城区的生态保育带、休闲活力带、景观风情带、产业新兴带，实现了城市与自然和谐共生的设计目标（图9、图10）。

图 9 龙舟比赛

图 10 河城共生

自然绽放 韧性之河——滨州秦皇河公园景观设计（重构城市景观生态轴线）　**133**

海绵城市公园设计主题示范公园设计实践

——唐山凤翔公园海绵提升改造

陈晓晔　魏莹　文蔷

项目区位：唐山市路北区
项目规模：18 hm²
起止时间：2022 年 9 月—2024 年 5 月
项目类型：海绵城市示范公园

1　项目背景

2021 年 6 月，唐山市入选第一批国家海绵城市建设示范城市。根据《唐山市中心城区海绵城市专项规划（2021—2035）》，凤翔公园被列为海绵城市建设公园绿地类重点项目。

2　选址与现状

凤翔公园位于凤凰新城片区中心区域，公园周边为居住社区和商业建筑。1.5 km 半径内涉及 27 座居住小区，使用需求旺盛。地块内植被生长状况良好，拥有基础路网和服务设施，竖向布局为中央低凹、四周高耸的环丘状地形（图 1）。

3　问题与对策

3.1　主要问题

一是公园建设标准不高，缺乏运动设施，已无法满足周边居民日益增长的休闲娱乐需求；二

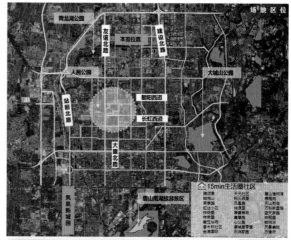

图 1　公园区位及现状图

是场地汇水分区碎片化，没有充分利用绿地的海绵效应特别是雨水资源（图2）。

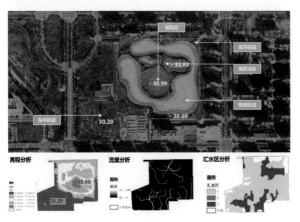

图2 场地海绵要素分析图

3.2 整体策略

基于以上问题，设计紧紧围绕海绵城市建设主题，贯彻"海绵＋"理念，以满足市民健康休闲生活为主要建设方向，将海绵系统完善与活力设施建设、景观品质提升三大系统融合，建设具有唐山地域特色的示范型乐活海绵公园（图3）。

图3 公园整体鸟瞰图

策略一：构建双体联动式海绵系统。依托现状地形合理设置多样化海绵设施，构成外环海绵带＋内向汇水芯双体式海绵系统，以管网联系，互通联动，充分发挥海绵系统整体效能。

策略二：构建示范型海绵技术集合体。公园集中展示山地和平原地形两大类共9种海绵技术

措施，栽植58种海绵城市建设的适生植物，配合海绵驿站等科普宣教设施，打造海绵设施最全面最具代表性的示范型公园（图4）。

图4 公园海绵设施流程图

策略三：构建"海绵＋"多功能复合体。将公园的海绵系统与活力设施建设、景观品质提升三大系统"叠加耦合"，打造集海绵生态、康体活力、文化展示、科普宣教于一体的多功能复合体(图5)。

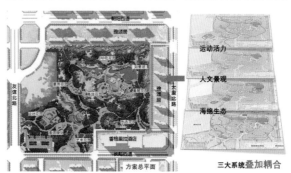

图5 公园总体平面图

4 设计内容

①设置公园外环海绵带与公园内向汇水芯。公园与城市界面设有由20处连贯的雨水花园与下凹绿地构成的海绵带，消纳公园内部雨水，最大程度承接外部客水，减轻市政排水系统压力。在公园中心低凹处布置3 000 m² 的大型雨水花园，收纳周边汇聚的雨水径流，打造公园内向汇水芯。外环海绵带与内向汇水芯之间通过雨水管网连通，

实现全园雨水调节互通联动，充分发挥海绵系统整体效能（图6）。

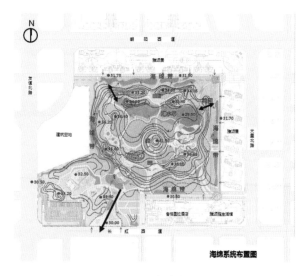

图6 公园海绵系统平面图

②通过海绵技术路线、技术指标与技术工艺三体系的建立，发挥公园在海绵城市建设中的示范引领作用。

针对唐山市地处北方严重缺水地区和降雨时空不均的特点，制定以集蓄保障为主，以生态净化为重，以资源利用为先的海绵技术路线，结合公园自身特点制定引领性的海绵指标体系（表1）。

表1 海绵技术指标对照表

指标名称	城市规划海绵技术指标	方案设计海绵技术指标	实际建成海绵技术指标
年径流总量控制率	不低于75%	90%	93.5%
TSS削减率	52%	60%	81.5%
可透水铺装面积占比	不低于45%	80%	85%
雨水回用率	不低于1.5%	低于1.5%	6 460 m³/年

③打造全园活力海绵环线和运动娱乐区，突出"海绵＋活力"。改造现状园路为千米环园健乐步道，打造贯穿全园的海绵健康环。运动区、童

趣花园、康养花园是兼顾全龄、功能复合的公园活力场，依据运动项目强度，地面铺装采用不同透水材质，成为公园重要的汇水点与海绵斑块（图7）。

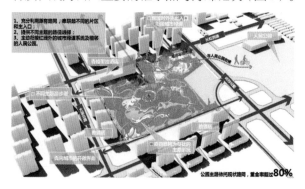

图7 公园路网系统图

④公园重点景观突出"海绵＋文化"与"海绵＋科普"特色。南入口广场是公园的主入口，集中展示多种海绵技术：广场铺装全部采用仿石PC透水砖和沙基透水材料，透水铺装率达100%。地下设集成式PP蓄水模块，蓄存雨水用于绿地灌溉和景观补水，雨水回用量达6 460 m³/年。广场两翼布置不同填料的石笼叠水景墙和挡墙座凳，与地面的海绵语录地雕相呼应，突出海绵设施的独特景观性和文化氛围（图8）。

图8 公园南入口效果图

公园制高点设置的听雨亭－承露台－山顶广场海绵集合体，通过传统建筑智慧与现代海绵工艺的融合共进，与坡地排水系统和洼地海绵湿塘

相结合，将无序的降雨收束汇聚为屋面水 – 台上水 – 地面水 – 池中水，营造"天露三承，九水归塘"的海绵文化景观，实现海绵理念与技术的可视性表达（图9、图10）。

图 9 公园山顶海绵景观分析图

图 10 九水归塘海绵景观分析图

海绵驿站（图11）为公园服务管理中心，更是全园的科普宣教体系核心和唐山市海绵城市建设工作的展示基地，包括室外展示花园和室内科普馆。室外展示花园以景观手法展示雨水在海绵城市系统中由屋顶绿化 – 雨落管 – 高位花坛 – 蓄水模块 – 绿地灌溉管道层层净化、滞渗、蓄存和再利用过程。室内海绵科普馆以沙盘 + 展板的形式，多层次、多维度、全方位阐述海绵城市建设政策理念、实施意义、技术内涵和建设效果。

图 11 公园海绵驿站效果图

5 结语

工程自 2023 年 10 月开工建设，2024 年 5 月完工。由于建设周期和资金投入的原因，设计内容没能完全实现，留下了遗憾。但项目整体上仍然贯彻了"海绵 +"的设计理念，实现了建设示范型乐活海绵公园的目标（图12）。

图 12 公园夜景效果图

"一带一路"本土景观
——新疆乌鲁木齐道路景观规划

刘美　陈楠

项目区位：新疆乌鲁木齐市

项目规模：114 hm²

起止时间：2019—2021 年

项目类型：景观设计

1　项目概况

苏州路与观岭街是两条聚集新疆大学与新疆医科大学双高等学府、栖息于浅山丘陵地貌之中、凝聚乌市独特地域文化的新区重要门户景观大道。设计以河马泉新区建设为基底，凝练"高教风尚、浅山风貌、丝路风范"的设计理念，充分彰显乌鲁木齐河马泉新区在"一带一路"中的重要战略地位（图1）。

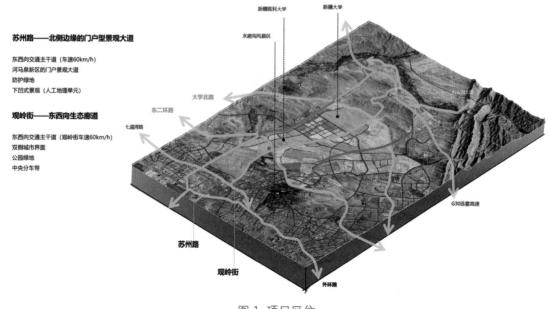

苏州路——北侧边缘的门户型景观大道

东西向交通主干道（车速60km/h）
河马泉新区的门户景观大道
防护绿地
下凹式景观（人工地理单元）

观岭街——东西向生态廊道

东西向交通主干道（观岭街车速60km/h）
双侧城市界面
公园绿地
中央分车带

图 1　项目区位

2 方案呈现

2.1 苏州路景观设计

苏州路全长 4.5 km，总绿化面积达 62 hm²。道路红线外绿地性质为防护绿地，具有下凹式人工地理单元的景观特征。设计将其定位为具有丘陵地貌特征的高绿视率都市景观大道，与其周边独具地域情怀的新疆杨共同形成体现中华传统经典建筑元素，彰显地域文化特色，突显自然环境特征，展现中华风范、时代风格、创新风尚的新时代城市风貌（图 2）。

红线范围内宽 50~120 m，设计通过乔灌结合的方式，选用冠大苗木提升绿视率，综合考虑道路主体部分、沿街景观、人的活动以机动车速及行人车速，以 50 m 为单元变换，以 100 m 为单元重复，塑造精致林下空间及五重景观。通过简与繁段落互替，满足不同速度的视线需求。

红线范围外考虑用地内山体及高压走廊的特征要求进行设计，南侧设置校际绿道，对高压线限制范围外及山体绿地采用异龄复层混交近自然林形式。项目参照"原生冠苗和栽植土壤的使用标准；绿视率、长寿比、树间距等指标；街道景观的全生命周期以及苗木规格指标细化"等雄安设计标准，并通过乌鲁木齐市东部浅山区顶级群落研究编制植物材料，制定新时代背景下乌鲁木齐市街道空间绿化的树种选择方向。

机动车分车带全线采用 8~10 cm 的小叶白蜡间距 5 m 栽植。沿路内侧以 200 m 为单元交替栽植密枝红叶李及暴马丁香（图 3）。

人行道一侧全线栽植 6~7 cm 的梓树，间距

图 2 苏州路景观效果图

图 3 苏州路机动车道景观

4 m。林下灌木采用四季丁香与红瑞木修剪篱，通过不同高度及地被植物的搭配，形成丰富精致的林下空间（图4）。

2.2 观岭街景观设计

观岭街总长度8.9 km，红线外绿地长度4.6 km，总绿化面积达52 hm²。设计将其定位为高绿量的开放共享、宜学宜研的生态廊道。设计采用强调国际化与地域化的融合，符合学生行为轨迹，道路环境和人性化设施，为学生群体提供休憩、交流区域（图5）。

道路红线范围内分车带为3条3 m，2条2 m，方案根据本条路的60 km的设计时速及道路两侧商业、学校街区的特征，进行段落化景观单元设计，机动车车行道景观单元以250 m为间距，自行车道两侧以50 m为间距，同时，靠近人行道路区域突出林下景观的精致层次，形成两侧乔木覆盖、整条道路春季飞花的浪漫景观道路。

基于商业、院校、住宅的分布，道路红线范围外用地将成为承载城市慢行系统的开放型公园绿地，设计不仅强调东西的联系，更强调道路与城市界面的衔接。两所大学紧贴道路，学校围墙对绿地的限制作用，使公园的开放度更具节奏，中间的地段也就形成了开放度最强的区域。

机动车右侧是中央分车带，形成绿荫花海的景观效果。林下通过不同高度的修剪植被丰富空间视觉效果，变换车行视线（图6）。

图4 苏州路非机动车道景观

图5 观岭街景观效果图

非机动车道一侧，以曲线丰富林下空间，间距栽植植物组团，形成具有变化的慢行空间。靠近人行道，栽植细腻地被花卉（图7）。

3 方案特色

针对该项目场地的独特性、设计要求的新高度、"一带一路"的特殊意义，思考落地性的解决策略。

特色一：准确把握项目特征，精确分析景观定位。

结合"高教风尚、浅山风貌、丝路风范"三大特征，合理利用下凹式道路的地形优势，打造植物品种丰富多彩、空间层次错落有致、视觉风貌花团锦簇的高绿视率都市景观大道及高绿量新

区生态廊道（图7）。

特色二：高起点、高标准、高技术的设计理念。

秉承"世界眼光、国际标准、高点定位、本土特色"的设计理念，对标雄安新区和北京副中心。

通过适地性绿地设计指标的制定、复层异龄混交近自然林的营造、当地东部浅山区顶级群落的研究、新时代背景下道路绿化的树种选择方向、街道景观的全生命周期指导、开放空间的维稳需求，打造贯彻落实新发展理念、推动高质量发展的全自治区城市道路绿化样板（图8）。

特色三：浅山地貌适应性景观设计策略。

设计借助水经注及Lumion等渲染软件，模拟人在开车及步行时的视觉感受，利用Arcgis软件在竖向设计中的可视化运用并结合HTCAD土方设计软件，营造更具实施性的道路景观。

图6 观岭街机动车道景观

图7 新疆大学绿地公园，高教风尚

图8 季相变化效果图

江南水韵，百年经典

——浙江省嘉兴市"九水连心"景观设计

刘美

项目区位：浙江省嘉兴市

项目规模：898 hm²

起止时间：2020 年 5 月—2022 年 10 月

项目类型：公园绿地

1 项目概况

1.1 项目缘起

1921 年 8 月，中国共产党第一次全国代表大会在南湖的一艘游船上召开，庄严地宣告了中国共产党的诞生。从此，嘉兴因红船精神而备受世人瞩目，成为我国近代史上重要的革命纪念地。南湖是嘉兴的城市中心，向外延伸的九条水系则形成了嘉兴的城市骨架，九水也成了嘉兴生态文明的示范、城乡融合的链条，更是九州同心的写照。

1.2 项目概况

"九水连心"的概念将嘉兴城市绿脉、水脉和文脉相融合。规划凝练了嘉兴的风土人文、水文格局与红色传统，体现了江南水乡里的中国智慧。嘉兴城市发展受到了"九水连心"形态的影响，九条河都至关重要，形成一个完整的体系，我们首先需要研究的是个体与系统之间的关系。

本案重点研究范围是嘉兴市南部长水塘、海盐塘、长中港（以下简称"南三水"）两岸。项目北至中环南路、南至三环南路。景观设计面积约 898 hm²，河道全长共计 19.6 km。

1.3 项目定位

在九水连心整体框架中，南三水具有更多的生态属性。这个生态属性的结论主要基于四个方面。第一是嘉兴城市的总体规划。第二是嘉兴蓝绿空间的再次梳理。第三是对三水河流水系的研究。第四是场地的资源的禀赋。我们用了很长时间对现场进行了精细化的信息采集，包括土地利用、现状水系、水质、植被、路网等。因此基于生态属性我们对南三水的总体定位是：以蓝绿空间为基底，以创新活力为源泉，以人本服务和生态服务为内核，以传统意境的新江南园林语言讲述南城故事，与南部城区共诉未来愿景的南部三条水系，更是生态的、宜居的、未来的。

1.4 项目要点——三水属性

南三水以蓝绿空间为基底，以创新活力为源

泉，以人本服务和生态服务为内核。我们以具有传统意境的新江南园林语言来讲述南城故事，南三水将与南部城区共诉未来愿景，形成生态、宜居的未来之城。

在九水中，每一条河流都具有相对的共性和绝对的个性，具有历史、现代和未来的时空属性。

长水塘是一条历史悠久的古老河流，悠久的文化历史积淀，是嘉兴传统水乡、乡愁风貌的重要载体。

海盐塘位于中央行政版块、商业活力带，是汇聚人气的城市中央会客厅。

长中港位于新城版块，承接科创新区，处于高铁＋副中心发展轴上。

1.5 设计理念

以"HEART"（心）为设计理念，打造蓝绿核心，重塑城市磁心回归文化本心，不忘红色初心以使命和匠心，致力九水连心：H——home 嘉兴特质；E——ecology 生态修复；A——attach 链接城市；RT——retell 重塑风貌（图1）。

2 具体设计

2.1 长水塘设计

长水塘是一条比京杭大运河还早 800 年历史的古老河流。其风土来源于嘉兴特有的平原地貌、水乡气质、独特的水系脉络、阴雨绵绵的气候特征和历史文化。

长水塘的设计重点在于如何复兴水乡记忆，恢复嘉兴圩田风貌，打造自身循环模式的生态涵养空间。在设计中要保证长水塘拥有生产功能，具有很高的生产能力，形成高效的复合农业生产模式。其生态功能最为突出的就是水资源的灵活调配能力，即较强的排涝灌溉功能（图2、图3）。

图 1 设计理念

图 2 长水塘风貌定位

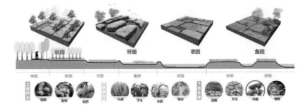

图 3 长水塘设计重点

2.2 海盐塘设计

海盐塘是嘉兴南城中央绿楔，直抵南湖红色中心。场地内设置了红船秀、地标塔、多彩道、山丘园、磁力湾等多种功能性节点。其中红船秀结合纪念馆、七一广场等红色文化背景，通过象征革命精神的红船时刻提醒我们不忘初心，砥砺前行。地标塔是凝聚城市文化力量的重点区域，通过地标塔设计打造城市核心示范段，激发城市活力，彰显城市魅力。多彩道通过碧道系统、绿道系统、滨水栈道等特色步道贯穿水岸，激发城市活力。山匠园以"生命之树"作为理念，通过地形的堆叠、艺术的处理，用大地景观的设计手法诠释对生命和艺术的热爱。设计将隆起的地形作为制高点，丰富了竖向变化，成为水岸的绿色背景。磁力湾在紧邻南湖大道的水岸边，冠线丰富的绿色背景尽收眼底（图4）。

系。打开城市界面，形成视线通廊，使南湖大道成为嘉兴的入户景观道。

设计要延续城市结构，与周边地块联动，使城市功能、公园绿地、交通网络共同作用于项目本身，带动嘉兴南城新发展（图6）。

图4 海盐塘风貌定位

南三水位于发展滞后的城市南部，是背离河岸的消极空间，海盐塘设计重点在于要打开城市界面，形成视线通廊，使南湖大道成为嘉兴的城市景观门户（图5）。

图6 长中港风貌定位

3 结语

"中国嘉兴，九水连心"凝练了嘉兴的风土人文、水文格局与红色传统，体现了江南水乡的中国智慧。通过六维治水、生态修复和保育长水塘、海盐塘、中长港为嘉兴南部片区未来发展提供生态支撑。本案遵循HEART设计体系，守南湖初心，塑独具风土景观、磁力悦动、科技智慧的新江南风貌。南三水项目的建成，取得了良好的经济、文化、生态和社会综合效益。

图5 海盐塘效果图

2.3 长中港设计

长中港是嘉兴南城连接中心城区到高铁新区的新兴水

构建自然公园网络，重塑城市新格局

——天津植物园链专项规划

李晓晓

项目区位：天津市外环线周边"一环十一园"

项目规模：4 600 hm²

起止时间：2020 年 5 月—2022 年 11 月

项目类型：园林专项规划

天津植物园链专项规划是深入贯彻习近平生态文明思想和习近平总书记对天津工作提出的"三个着力"重要要求，认真落实市十一次党代会提出加快建设"五个现代化天津"奋斗目标的部署，推进高质量发展，加快生态宜居城市建设，立足新发展阶段，按照天津新发展理念下的双城发展新格局，对"一环十一园"地区进行的园林绿化专项规划。

1 项目基本情况

1.1 项目背景

在新一轮国土空间规划中，天津的城市格局将从一根扁担挑两头转为津城、滨城组成的双城格局。在津城中，中心城区边缘"一环十一园"地区以外环线 500 m 绿带为主轴，对内串联 11 个公园，对外串联 6 个郊野公园，形成津城核心与外围结构的衔接区域。城市基础配套设施已开始向"十一园"方向聚集。"一环十一园"将是津城城市格局中结构性要素，需要被赋予更高意义才能带动津城的发展。作为高价值绿地类型，植物园链可带动周边可整理用地的开发，服务城市需求。

1.2 规划范围

规划范围：一环十一园总的用地规模 46 km²。其中外环线绿化带用地规模为 34 km²，十一个公园用地规模 12 km²（图 1）。

统筹范围："一环十一园"周边用地规模 70 km²。"一环十一园"地区是津城新发展格局中结构性要素，将成津城生态引领、和谐宜居城市发展的重要引擎。

2 规划要点

规划聚焦"一环十一园"地区建设植物园链，形成"园、水、林、路、境"相融共生的自然公园网络，助推生态地区提质发展，优化城市新空间发展格局。

2.1 总体布局

天津植物园链是由 11 个分园组成的植物园体系，每个分园将体现不同的植物分类主题。外环绿道将 11 个公园串联起来，形成"植物园链"。一环十一园既是植物园链，又是城市公园链。11 个公园均采取了植物和城市服务双主题，是介于植物园与城市公园之间的复合场景（图 2）。每个分园主题定位的逻辑关系是"和而不同"，相对统一，绝对差异。定位的依据是交通区位，周边产业，以及土壤、水文、植被等在地属性。

2.2 核心策略

①植物园链是市域蓝绿空间格局的重要组成部分，通过绿道、河道绿廊系统，有效衔接区域生态系统，建设自然公园网络（图 3）。

②连通城市生态空间，构建外环生态蓝道、绿道系统。外环绿带规划 80 km 环城绿道，结合智慧城市和旅游发展，植入骑行线、慢跑线、漫步线、滨水道、探索道、无人智能网联车道，构建六道并行的复合绿道系统。

③通过系统规划与设计，在城市中营造近自然林，构建高碳汇的绿色基底。在植物引种方面，以乡土植物为主，构建复层、异龄、混交的近自然林和天津地区植物顶级群落。

④响应新经济和新生活方式，增值城市空间。从存量中思考增量，响应新经济和新生活方式，对接市场，适度且适量增设新型设施，为市民提供更多更优质的绿色服务。通过大师园、共享庭院、都市农园等园林主题空间，形成公园造访动机和特有的场地 IP，展现天津文化、天津风格、天津气派。

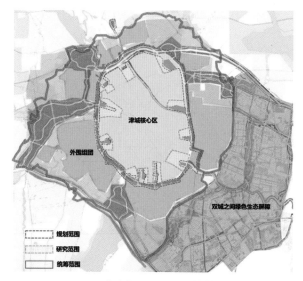

图 1 规划、研究及统筹范围

图 2 "植物园链"概念图

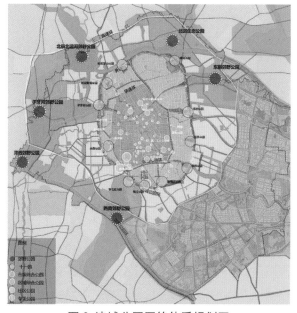

图 3 津城公园网络体系规划图

3 天津"植物园链"特色

3.1 鲜明的季候特征

公园春、夏、秋、冬的植物景观与活动功能季候变化结合,为市民休闲需求提供了全时域、四季变化的绿色生态服务体验(图4)。

3.2 植物引种目标

对标北京、上海等地植物园,天津植物园链规划远景拟收集各类植物10 000余种,成为国内重点植物园。

3.3 特有的规模和形态

在规模和形态上,呈现了全球最为独特的植物园体系,同时集成了领先的植物园技术,通过重大创新打造世界级的城市品牌。

3.4 运营前置

结合周边产业布局和十一园主题进行整体服务活动策划,运用"小财政建设,无财政经营"的总体思路,来推进公园的开发、建设、运营(图5)。

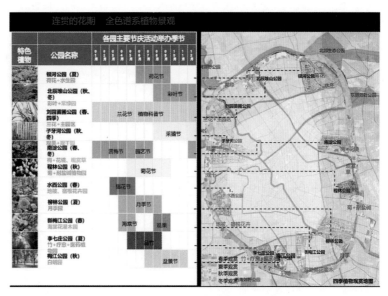

图4 与节事活动对应的四季植物观赏地图

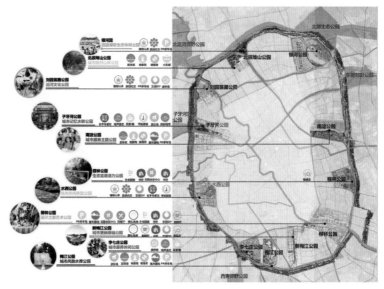

图5 "天津植物园链"运营及业态规划图

瞭望海的诗意
——天津临港北部岸线生态修复工程

赵志伟

项目区位：**天津市滨海新区**

项目规模：**193.5 万 m²**

起止时间：**2019 年 11 月至今**

项目类型：**海岸景观**

天津港保税区（临港区域）中港池北部岸线生态修复项目，位于滨海新城，西起渤海 18 路，东至渤海 50 路东侧防波堤，全长约 13 km，设计内容包括岸线生态修复以及后方宽 60~200 m 的景观绿化区域约 193.5 万 m²（图 1）。项目秉承世界眼光、国际标准、高点定位，通过岸线修复、环境赋能支持后方产业，提升临港的能级和竞争力。起初，难以定义的基底条件给设计师带来了不小的困难，但最终那些瞬息万变的元素反而构成了设计的主角：光、风、大海、地面线以及一望无际的远景。人们将在这里体验岩石的坚硬、水草的丰茂与海浪的汹涌，体验落日的壮美与夏日的明朗。

临港区域与天津市滨海新区地域相近，文脉相连。本案为区块带去了迷人的海岸景色，同时也是城市主要的基础板块之一。随着时间的推移，海滨与市区的联系愈发紧密，并同周边街区和交通网络形成不可分割的关系。由于滨海新区发展迅猛，新的海滨规划试图找到一种方式来保护区域生态基地和城市的历史版图。它重塑了绵延的城市沿海界面，再现了一度消失的公共尺度。

项目设计目标是为这片区域建造一个清晰、干净、强大的海岸框架，通过环境赋能提升临港区域能级，满足防潮防浪的双重标准，塑造弹性有生命力的生态海堤，运用海堤生态修复技术、重塑海岸带生境（图 2）。

图 1 总平面图

图 2 鸟瞰图

13 km岸线承接延续了所对应的周边城市用地功能，连续性体现了一种平行于海岸线的结构主模式。在此基础之上，增加垂直于海的层次——三带，从临港大道至海成为三个递进的层次，即"堤、岸、林"。"堤"是保障，"岸"是灵魂，"林"是基底。

为满足安全需求，塑造丰富多样化的高程，将岸线形态划分为亲海岸线、滨海前沿岸线和200年防潮100年防浪的堤防。对现状岸线采取退堤与加固的形式，局部通过退岸还海打破原有的笔直的人工岸线形态。

"岸"为滨海前沿岸线至防浪堤防之间的后方区域。"岸"的设计包含重要亲海节点，是岸线的高潮部分，核心节点即"海景走廊"，辅衬节点包括潮汐寻趣港池、观海阶梯港池、浪漫沙滩（图3）。

其中"潮汐寻趣港池"回应"潮汐"主题，将港池池壁解构，塑造多样化高程，根据不同高程设计形成可蓄水的潮汐戏水池、观海平台、观海台阶、浮云花园、落雨池、观海挑台、亲海平台等多重体验模块。依靠自然韧性应对滨海地区生态敏感性及全球气候变化所带来的影响，建设生态型的海岸风貌（图4）。

"观海阶梯港池"被赋予收集雨水的景观功能，部分雨水和地表水进入港口之前即被芦苇过滤，形成了宝贵的动物栖息地（图5）。

"海景走廊"是13 km沿岸最为核心的节点，是一个平面的控制中心（图6）。其重要组成部分为伸向海面的灯塔，塔高30 m，探入海里的距离近80 m（图7、图8）。灯塔未来将成为一个表白的打卡地。无论是强烈的海风，还是绯红的落日，只要站在这里都能畅快地体验。

沿岸布置一系列亲海节点，利用现状水动

图3 浪漫沙滩

图4 潮汐寻趣港池

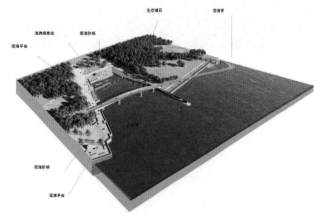

图5 观海阶梯港池

图 6 海景走廊

图 8 灯塔效果图 2

图 7 灯塔效果图 1

图 9 亲海节点

图 10　多功能草坪

力因素将场地生境保全，加入少量人工干预，放大生态效应，滩地塑造采用卵石加沙形式，供游人赶海拾贝。岸线内所有造型元素都面向大海，所有活动都朝向海面展开（图 9）。

在"林"的设计中，注重层次梯度表达，充分体现岸线弹性留白设计策略。

其中多功能草坪是一个稍大尺度的聚集空间，进一步将以观赏风景为主的被动娱乐区与活力十足的游玩区细分开来，未来将承载包括灯光秀、风筝节、音乐会、樱花节、运动节、开放性市场、冰雪节等更多功能活动（图 10）。

植被空间设计注重临港大道界面和海岸线界

面的大开大合，同时控制密闭空间、半密闭空间、开敞空间、雨水湿地空间的整体布局。

设计致力于在城市发展和自然环境中建立一种和平共生关系，有效利用关键性的生态特色区"滩地保护区"这个独特的海洋避难所，在其周围建立一个拥有互补性滨海景观的邻近网络，从而为人们提供认知和保护生态系统的机会（图11、图12）。

"起伏＆链接"创造了一个多层整合的景观系统，打造"慢行圈"空间结构，用连续的步行和骑行网络将所有开放空间和功能场所串联。不同长度慢行圈路径被精心布局，以提供多种使用需求。内部交通则以一级巡堤路（宽4 m）满足游览车、养管车通行（图13），二级路（宽2 m）保证人行交通，三级路（宽1.5 m）实现散步探索效用。

临港生态岸线设计与建造采用了独特的组织模式，设计团队尝试将这种抵御洪水的基础设施转化为一个在生态与文化上都具有丰富层次的公共空间。而毗邻地块上的建筑及基础设施也在建设中，本项目对于滨海新城发展的推动作用已显露无遗。

图11 植被空间图1

图12 植被空间图2

图13 巡堤路

巧施雕琢·自然共感
——天津迎宾馆景观提升设计

王雅鹏

> 项目区位：天津市河西区
> 项目规模：77.68 hm²
> 起止时间：2014 年 8 月—2015 年 3 月
> 项目类型：区域公园

图 1 项目区位

1 总体概述

天津迎宾馆是以党宾、国宾和各国政要为主要服务对象的国宾馆，是天津市最为重要的政务、商务活动场所与对外交流的窗口。

天津迎宾馆总占地面积 77.68 hm²，其中绿地面积 34.23 hm²，场地地理位置优越（图 1），环境得天独厚，园区内为庭院式园林，景致优雅宜人，是天津市独一无二的政治、经济、文化和接待服务中心（图 2）。

图 2 项目现状

本项目的提升主要围绕园区核心区域、主要环线道路两侧，对现状绿地空间植物品种、组合类型、栽植形式进行提升、优化。通过提升，为园区补充栽植各类乔、灌木植物 3 500 余株，补充、完善、提升了绿地面积 12.72 hm²（图 3）。

2 设计定位及理念

天津迎宾馆绿化提升改造设计总体定位于生态、大绿、自然、

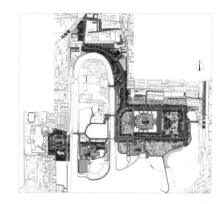

图 3 总平面图

精致，整体设计充分尊重场地原有肌理，在设计的手法上，遵从绿地原有特征，结合现场实际，从高度、厚度、宽度、密度、季相等方面增加绿地绿量；在植物配置上，丰富乔灌地被植物的层次，营建复式栽植，体现大绿就是大美；在景观的表达上，体现师法自然，展现出植物群落的自然空间之美（图4）。

图4 设计定位及理念

3 设计策略及特征

整体设计在与全园整体绿地相互协调的前提下，强调以下设计策略。

策略一：完善组团格局，营造垂直层次来提升绿量。

在完善组团格局的基础上，我们进一步注重营造垂直层次的绿量，以丰富城市绿化空间。在建筑立面上巧妙地布置绿色植物，不仅能够美化建筑外观，还能提升城市的整体绿化水平。合理规划绿地布局和植物种类选择，使绿化空间与周围建筑、道路等环境融为一体，形成和谐统一的园区景观（图5~图8）。

图5 改造前现状1

图6 改造后意向效果1

图7 改造前现状2

图8 改造后意向效果2

策略二：缩小植物组团树龄差距，取消小规格孤植树。

设计提出了缩小植物组团树龄差距，并取消小规格孤植树的改进措施。这一调整不仅有助于提升景观的整体协调性和美观度，还能更好地实现植物的生长平衡和生态稳定。

在缩小植物组团树龄差距方面，我们将通过合理选择和配置不同树龄的植物来实现。设计将更加注重植物的生长速度和生命周期，选择生长速度相近、生命周期相似的植物品种，以确保其在成长过程中能够保持相对一致的外观和形态（图9~图12）。

策略三：增强绿地使用的舒适度。

在追求城市发展与生态和谐共存的过程中，增强绿地使用的舒适度显得尤为关键，是体现绿化景观人文关怀与可持续发展的重要指标。

提升绿地的环境质量是增强使用舒适度的重要一环。选用本地特色植物，打造四季有景、层次丰富的植物景观，可以带来视觉上的享受，营造一个舒适、生态的休闲环境（图13）。

策略四：提升景观细节的园艺水平。

在提升景观细节的园艺水平方面，需要深入挖掘每一处细微之处，将其打造成一个既有艺术感又具实用性的空间。从植物的选择上，我们应考虑其生长习性、色彩搭配以及季节变化等因素，使得整个景观在四季都能呈现出不同的韵味。

在布局上，要充分利用空间，将各个元素巧妙地融合在一起，营造出和谐统一的整体效果。同时，注意植物的层次感，让景观在视觉上更加立体和丰富（图14~图19）。

4 总结

本次提升设计充分结合现状环境特点，提升绿地面积 12.72 hm²，占全园总绿地面积近40%。共计栽植各类乔、灌木植物 3 900 余株，其中大乔木 1 330 余株、亚乔木 1 250 余株、花灌木 1 300 余株，修剪球类植物 100 余株，各类观花、观叶宿根地被及草坪植物 5 000 余 m²。

本次提升在补充、完善、提升绿地面积的同时，通过合理布局，使不同种类的乔、灌木植物形成了丰富多彩的绿化景

图 9 改造前现状 3

图 10 改造后意向效果 3

图 11 改造前现状 4

图 12 改造后意向效果 4

观。大乔木如银杏、法桐等，高大挺拔，为整个园区增添了庄重和肃穆的氛围；亚乔木如金叶槐、樱花等，以其独特的形态和花色，为园区带来了别样的美感；花灌木如海棠、紫薇等，则在四季中绽放出绚烂的花朵，为游客带来视觉上的享受。同时设计师们精心挑选了球类植物，通过

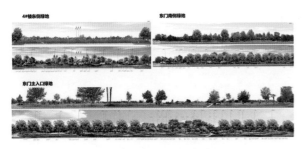

图 13 改造后意向效果 5

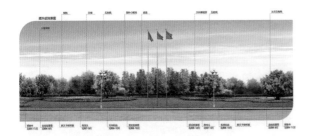

图 14 改造前现状 6

图 15 改造后意向效果 6

图 16 改造前现状 7

图 17 改造后意向效果 7

图 18 改造前现状 8

图 19 改造后意向效果 8

精细的修剪技巧,使其呈现出完美的形态和轮廓,为园区增添了一份精致和优雅。此外,各类观花、观叶宿根地被及草坪植物的种植,不仅丰富了园区的植物种类,也提升了绿地的生态功能和观赏价值。

总的来说,本次提升设计不仅提升了园区的绿化水平,也充分展现了设计师们的创意和匠心。相信在未来的日子里,这片绿意盎然的园区将继续发挥其重要作用,在成为天津城市绿化景观的璀璨明珠的同时,也为城市的可持续发展提供有力的支撑。相信在不久的将来,这片园区将成为天津的一张亮丽名片,为城市的繁荣与发展贡献自己的力量。

城市更新背景下的滨水空间重塑
——滏阳河文化带概念规划

李晓晓

项目区位：河北省衡水市

项目规模：14 hm²

起止时间：2023 年 3 月—2024 年 3 月

项目类型：概念规划

1 项目基本情况

1.1 区域位置

滏阳河文化带项目位于历史上的西关地区（图1）。该区域有着丰富的历史传承，是典型的"老城区"。明代安济桥连通河东、河西，驰名全国的衡水老白干酒"十八酒坊"的德聚、福兴隆等制酒作坊就分布在滏阳河岸，是衡水老白干的起源地。

图 1 区域位置

1.2 规划范围

项目位于衡水市桃城区，北至人民东路，南至永兴东路，西至滏阳河，东至滏东街，总面积约 14 hm²（图 2）。

图 2 现状及规划范围

2 规划目标及愿景

规划从流域生态治理、城景融合以及未来城市发展三个方面，全面梳理分析滏阳河的三大流域价值、滏阳河文化带在城市发展中承担的四大角色、借鉴世界级滨水空间高质量发展的四大趋势，结合场地立地条件（图 3），提出本次规划的目标：将滏阳河文化带规划建设成生活、生产、生态相融合，布局合理、环境优美、功能齐全的高质量建设示范区。整体形成最具桃城韵味、最有空间特色、最富活力魅力的封面级城市新地标（图4）。

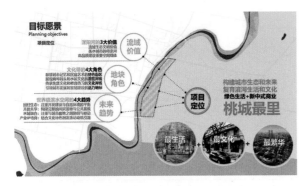

图3 多维价值分析明确项目定位

图4 整体鸟瞰图

3 空间布局及重要节点

3.1 总体布局

①用地布局规划。优化老桥两侧的用地功能，以广场为主要形态；合理组织道路交通、流线组织、景观及建筑形态，整体形成五大平面布局特色：生态自然、步行友好的参与性河岸空间；商业引流、街区环境和远近结合多维导向下的交通环境优化；与业态、场地和动线高度契合，同时利于招商的建筑体量；三街六巷、九里十八坊，历史主题空间的全新演绎和表达；低密度开放的街区形态，打造公园里的商业消费场景（图5）。

②交通组织及动线。安济桥及隆庆街（胜利东路）保持人行功能；增加一条支路，保证远期开发预留地的交通出行问题。结合主要出入口设

图5 总平面图

置广场及开放空间，形成街区人流导入的重要区域，并合理组织动线和空间序列的推进。串联主要商业街区和主要开放空间，形成五大主题游线。

③整体空间结构。按照街区整体布局及景观形态，整体形成"一脉九里、五境八景、一带三园"的总体结构。

一脉：围绕安济桥，沿胜利东路打造文化景观主轴，彰显街区历史文脉；

九里：沿滏阳河东侧，安济桥南侧，整体形成九个特色商业建筑里巷；

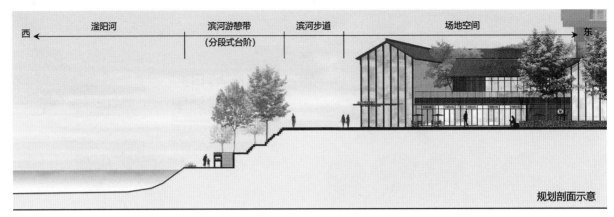

西 ← 滏阳河 | 滨河游憩带 | 滨河步道 | 场地空间 | → 东
（分段式台阶）

规划剖面示意

图 6 滨河空间重塑剖面示意图

五境：结合空间布局，形成五大广场空间，沿用历史街巷名称命名；

八景：沿滏阳河文化带，形成八个主要景观节点。

3.2 生态环境及景观规划

水城融合。重塑滨河空间，提升片区环境价值。随着城市不断发展，滏阳河的功能也逐步发生转变：由行洪排涝逐步转变为水利安全和生态景观双重功能。从城市与河流的关系来看，逐步由相互分离转变为水城一体。规划通过参与性的滨河绿带空间，构建"水-岸-街区"一体化完整空间（图6）。

3.3 街区整体风格控制——新中式、低密度特色开放商业街区

新中式、低密度开放街区。整合串联文化街巷、商业外摆和各种场景化秀场，丰富人群游览体验。建筑整体以新中式为基调，通过提炼衡水文化元素，实现传统与现代搭配。

4 更新规划编制亮点

4.1 业态升级全新演绎，带着衡水城市基因溯古吟今

功能复兴，根脉传承，复兴片区功能：包括滏阳河的水上通航功能，盛世十八酒坊、酒肆、茶楼、戏院、餐饮、购物等商业功能，乡贤名仕文化主题的教育传习和传统文化主题的创意体验功能以及居住和休闲功能（图8）。保留场地内的百货大楼，将其进行整体更新：在外观上与街区整体风貌协调，在功能上以城市记忆风物展卖场为主。

4.2 让儿童在地方精神和文化的陪伴下快乐成长

儿童友好，设置符合儿童主题学宫园，寓教于乐，植入儿童科普、染坊、酒坊体验功能，通过国学教育、游学参观、灯光夜市、汉服演绎等一系列公共参与活动，更好地展示和传承衡水传统文化的精髓。

图 7 街区更新全业态图

4.3 全时全龄丰富纷呈的多维体验

全时全龄的服务项目,满足不同年龄群体,打造24小时全天候全时段全业态全龄层的多维体验。

4.4 三大明星产品大 IP 造访动机与商业引流

①滏阳夜游——恢复滏阳河的航运功能,发展水上观光。

②美酒狂欢节——醉翁之意不在酒,世界玩酒方程式。

支撑项目:夜间演艺《醉好时光》《传统酿酒》《踩曲》《酒仪酒令》;酒与诗词书画大会《醉笔染丹青》;酒器创意设计大赛;美酒美食街、美酒音乐节等。

③文化研学旅行基地——非遗酿造技艺的传承与发展、酒文化传播。

支撑项目:依托衡水老白干传统酿造技艺,针对酒文化爱好者、发烧友、白酒酿造尖端工程技术人才等群体,打造酒文化研学旅行基地。

4.5 先锋元素与传统文化新老平衡的夜间景观激活夜间经济价值

夜景灯光设计,注重对商业氛围的烘托,激活夜间经济价值,全面提升滨水公共空间服务能级。

共生系统的嬗变

——宁夏银川动物园新建工程

赵志伟

项目区位：宁夏回族自治区银川市

项目规模：421 亩（约 28.07 hm²）

起止时间：2021 年 10 月至今

项目类型：专类公园

1 项目背景

银川市动物园位于中山公园西北角，占地面积约 28.07 hm²，是省会城市中为数不多的"园中园"动物园，饲养的动物以温带草原动物种群为主。经过多年运营，虽有成效，但园区依旧沿用第一代动物园模式，规划理念落后，空间狭小、动物品种少、兽舍陈旧、展览方式落后等问题日益凸显。动物园迁建事宜于 2019 年正式纳入市委、市政府的工作日程，经过多次讨论，动物园迁建项目最终选址于西夏区园林场（图1~图3）。

图 1 项目建设位置区位图

图 2 规划范围图

图 3 总体鸟瞰图

图 4 设计理念

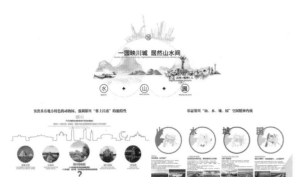

图 5 设计主题

2 总体设计

设计的最终目标是将城市中的人带到动物园的自然环境中去，打破"鸟笼"的束缚，回归自然。银川动物园方案设计打破传统"圃"的牢笼，更注重动物自身健康和权利，通过对游览和展览方式的提升，在动物园丰容的过程中，做到尊重动物、爱护动物。方案强调"天人合一、师法自然"，以"塞上物语、自然之境"为设计理念，突出具有地方特色的动物园，强调银川"塞上江南"的独特性，

彰显银川"山、水、城、园"空间精神内核，以动物园为镜，映射出最自然、最生态的西北边塞风光（图4）。

以"一园映川城、居然山水间"为设计主题，希冀构建一处人与动物亲密互动的绝美圣地，一个高品质、全开放、生态化的动物主题公园。以地缘重构、生境培育、功能生长、斑块融合、生物栖息这五大策略，建立一个适宜基地的生态基底，使山水之间产生互动，通过对动物展区及活动设施进行合理布局，使游客与野生动植物和谐共存（图5）。

银川动物园整体规划有18个动物展示单元，展示动物150余种，1 422只。迁建项目满足现有动物（80种1 071只）搬迁，集中建设13个动物展示单元，同时提出合理的远期动物引进计划，归类整合，近、远期统筹，为未来动物园可持续成长预留足够空间。

结合现有动物种类与数量，以动物进化以及食性展示的线索，考虑游人的参观喜好与需求，同时满足运营管理需求，银川城市动物园迁建项目整体布置入口门区、特色动物区、禽鸟区、灵长动物区、食草动物区、食肉动物区、中央集散区、后勤服务区、物料储备及发展预留区等9个主题功能区，以及西侧的林荫停车区（图6）。

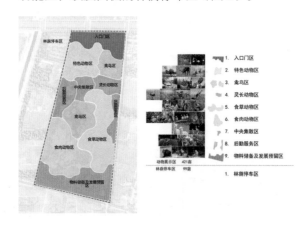

图 6 功能分区

空间设计遵循动物园主路 +LOOP（环路）的参观模式，运用"拓扑、分形"原理，依据外部交通环境确定出入口，根据游客需求划定主路 +LOOP，后勤通道设置于园区外围，与参观通道不交叉设计，保证高效运营。在园区内部空间增加连通型道路，为游客提供多重选择机会，形成科学合理的总平面设计。预留适量扩容空间，达到近期与远期规划及景观的无缝黏合（图7~图20）。

图 11 百鸟园效果图

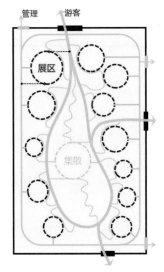

图 7 拓扑分形原理

图 8 总平面图

图 12 热带鸟馆效果图

图 9 入口效果图

图 13 长颈鹿展区效果图

图 14 鸵鸟展区效果图

图 10 岩羊展区效果图

图 15 小型杂食动物馆效果图

图 16 狮虎馆效果图

图 20 中猛兽馆效果图

图 17 熊山效果图

隔障设计遵循安全性、适应性、自然性原则。满足质量和工艺需求，保证安全，通过对生物学需求、动物行为特点及能力进行分析，使设计可以平衡参观体验与动物福利利益。隔障设计关注的不仅是空间的限制，更重视通过视觉屏障等方式对游客和动物的视线进行控制。充分考虑主路与展区间的隔障、动物躲避区、展示面丰容设施，利用视觉屏障，使不同参观点的游客互不可见（图21、图22）。

丰容设计以动物行为生物学以及自然习性研究为基础，改善圈养动物生存环境，增加动物行为选择机会，诱导动物自然行为表达，提供动物福利。根据丰容对象不同，选择适宜的丰容技术。在环境丰容方面，食草类动物主要是满足其对活动场地空间和植被的需求，而鸟类则要对其进行仿生态环境的构建；在食物丰容方面，尽可能提供丰富的食物种类，实现饲料的多样化（图23）。

图 18 猛禽馆效果图

3 要点思考

动物园设计不同于一般公园设计，是一个特殊的专业范畴、一个小众的细分行业，涉及风景园林、动物习性、动物展示、人与动物、动物保护、建筑、基础设施配套、环境保护等方面多学科复杂问题，有很强的专业性和技术要求。动物园的规划设计除

图 19 灵长类动物展区效果图

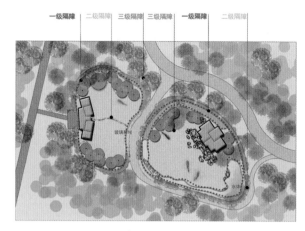

图 22 岩羊展区隔障设计

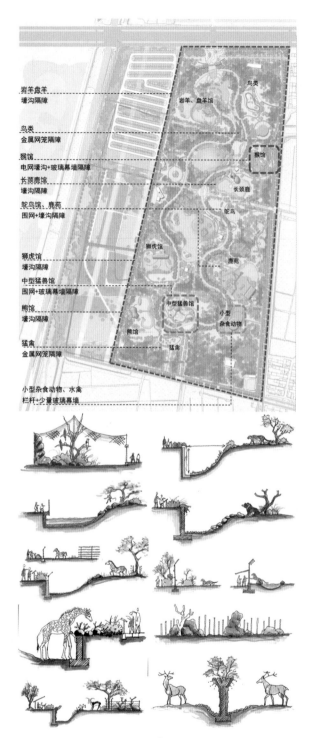

图 21 隔障设计

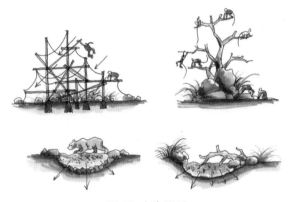

图 23 丰容设计

了要满足一般公园生态景观和休闲游憩功能外，重点要解决的是"动物""管理者""游客"三个维度的问题。

动物园设计是多专业的协同作业过程，协同设计的目的是实现人与动物友好相处。淡化人工痕迹，让游客专注于野性之美。通过采用对人工建筑遮掩、在游览路线上应用更多的自然材质、减少园林式的景观造型而保留植被的自然形态、营造沉浸式展示氛围等多种措施，使最终成果臻于完美。

伯乐故里、水韵新城

——成武县东鱼河湿地公园景观工程

马玉芳

项目区位：山东省菏泽市成武县

项目规模：891 hm²

起止时间：2017 年 1 月—2024 年 2 月

项目类型：湿地公园

图 1　现状图

1　发展使命——小城市，大担当

1.1　发展背景——小城市，大问题

成武县东鱼河湿地公园景观工程包含两湖（文亭湖、伯乐湖）三园（相马山公园、乐成河公园、东鱼河公园）。伴随着成武县城镇化水平的快速提升，湖（河）水生态环境问题日益突出，水质急剧下降，生态环境遭到破坏，"万亩城湖"千疮百孔，人居环境恶劣，城市品质差，小城市存在大问题（图 1）。

1.2　发展历程——小城市、大机遇、大挑战

美丽河湖是美丽中国在水生态环境领域的集中体现和重要载体。为深入贯彻习近平生态文明思想，全面推进美丽成武建设，践行人民城市创新发展的小城市典范，2017 年以来成武县探索新型城镇化背景下的小城市可持续发展及特色营城模式，按照"伯乐故里，水韵新城"的总体定位建设北部新城，创建了以水带绿、以绿伴城，城湖相依，水天相连，交相辉映的美丽河湖——成武县东鱼河湿地公园景观水系。本项目的建成切实增强了人民群众的幸福感、获得感。

2　发展路径——小城市，大进步

2.1　总体思路

基于成武独特的"文城、水城"特色，规划采取有别于大城市，适合小城市的渐进式发展策略

165

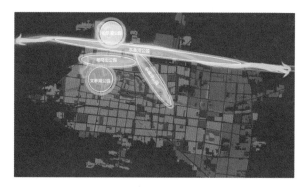

图 2 平面位置图

（图 2）。东鱼河湿地公园将按照"两湖三园"的生态水系骨架，打造水城蓝绿基底，营建以文亭湖景观为核心，以乐成河公园、相马山公园、东鱼河公园、伯乐湖公园为重点，以期通过保护现实可持续利用和修复自然的或被改变的生态系统，形成具有成武特色的"内涵精明"的韧性发展路径。

2.2 目标定位

着眼于成武"人民城市——人本回归，韧性城市——安全韧性，公园城市——自然共生，未来新城——创新赋能"之诉求，助力将成武北部新城打造成"安全韧性、景城共生、产城共融、

人产共振"的高质量可持续发展示范城（图 3）。

3 空间范式——小城市，大智慧

构建六大城市共生系统。

3.1 凸显绿色示范的韧性景观系统

利用旧城改造的契机，对水系进行科学规划，大力推进韧性城市构建，将海绵城市、水生态环境保护修复与城市发展建设深度融合。一是坚持思想引领，坚持"绿水青山就是金山银山"的两山理念，擘画美好蓝图。通过水系建设整合整个城区，根据现状地势，按照"两湖四河（文亭湖、伯乐湖、乐成河、郜城河、桶子河、东鱼河）"的生态水系骨架，实施水系连通，打造水韵新城蓝色基底，重现"万亩城湖"生态美景。二是坚持系统治理，实现建成区雨污合流管网和黑臭水体"双清零"。三是以东鱼河湿地公园水生态环境治理为切入点，构建海绵城市系统，保护和修复区域湿地系统，将资源优势转化为生态优势和发展优势（图 4、图 5）。

图 3 北部新城鸟瞰图

图 4 文亭湖公园——鸟岛 1

图 5 文亭湖公园——鸟岛 2

图 6 乐成河公园——大台遗址

3.2 构建景城共生的自然生态系统

方案提出公园城市的构建思路，结合原有的周自齐公园，改建文亭湖公园以及新建乐成河公园、相马山公园、郜城河公园等，共筑成武城市生态大格局。"碧道绿环，景城共生"，让成武真正实现了从"城市公园"到"公园城市"的华丽蜕变（图6）。

3.3 传承地域文脉的人文展示系统

基址内有文亭湖公园、大小台遗址和汉堤遗址，为了延续城市文脉、保存城市基因，将对其进行保护修复。文亭湖公园布局为"一轴、一环、双岛、三区、九星拱月"。一轴即千里马路

文化主景观轴，一环是生态环湖景观带，双岛指湖心岛和生态凤鸣岛，三区是荷花种植区、生态湿地区和水上活动区，九星拱月即雁池秋月、郜鼎遗春、映湖晨烟、西浦荷花、芦荡听禽、凤岭春云、汉泉古韵、文山夕照、魏村红树九大景点，与湖心岛相映衬，共同构成了"九星拱月"的意境。

"汉堤故迹异众芳，清荷四溢枕书香。碧水幽林营绿脉，乐活盛境共安康。"相马山公园、乐成河公园古韵悠远，文脉相承，水绿交融，康乐相随。景观水系的设计让游人尽情领略"清波荡漾拂人醉，一城人家半城碧"的意境。美美与共，提高城市空间环境品质（图7）。

图 7 乐成河公园——表演舞台

图 8 汉堤遗址景墙

图 10 乐成河公园——荷花雕塑

图 9 伯乐湖入口广场

图 11 乐成河公园——荷花廊架

同时从成武的地域文脉中提取"汉堤遗址、大小台遗址文化""伯乐文化"和"荷花"等文化元素进行再创作，形成统一的具有地域标识的景观构筑系统（图 8~图 11）。

3.4 营建人本共享的景观游憩系统

场地的慢行游憩系统设计文化乡愁风情游、活力水岸观光游、运动健身娱乐游、生态感知消闲游四种体验路径，给游客提供多样化的游憩方式（图 12）。

图 12 文景湖公园——活力水岸观光游

3.5 满足多元乐活的健身运动系统

打造全龄全时健身活动空间。设计六大健身核心空间：儿童多功能活动专区、青少年健身专区、老年休闲专区、滨湖（河）慢跑道、骑行道、综合活动驿站（图 13）。

3.6 构建城数共耦的智慧系统

通过成武河湖夜游设计点亮夜经济，赋能新活力。做精做靓灯光秀和水景演出，全力打造"伯乐故里、月光水城"旅游品牌。将数字投影与多种文旅设施有机融合，打造伯乐故里文化光影艺术秀，呈现成武县"城湖一体"的生态景观（图 14～图 15）。

4 结语——小城市，大成就

通过利用城市"自然力"和景观"设计力"，成武县东鱼河湿地公园已成为连续有机且能统筹城市空间及绿色基础设施的景观生命力系统，调蓄雨洪、解决城市内涝等基本功能得到了保证。创新了生态发展模式，将生态环境保护、文化传承和城市建设深度融合，为县级城市河湖生态环境保护融入城市高质量建设发展提供了标杆示范。新华社媒体以"山东成武，湿地生态美，飞鸟入画来"等为题对本工程进行了多次报道；文亭湖公园还入选山东省第一批省级美丽河湖优秀案例，供各市互相学习借鉴。

图 13 健身广场

图 14 水幕喷泉

图 15 文亭湖夜景

市井肌理的现代语境
——2019年中国北京世界园艺博览会中华展园天津园景观设计

赵志伟

项目区位：北京市延庆区

项目规模：4 200 m²

起止时间：2018年1月—2019年4月

项目类型：专类展园

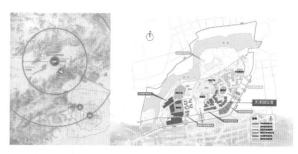

图1 区位图1

2019年北京世界园艺博览会是由中国政府承办的A1类世界园艺博览会，是未来十年我国举办的级别最高、规模最大的专业类世园会。园博园位于北京市延庆区妫水河畔。天津园作为本届展会的重要省市展园，毗邻中国馆、北京园及河北园，占地面积为4 200 m²，从城到园，将天津的人文生态基底演绎为景观肌理，通过丰富多样的本土植物充分展现天津独有的城市特色和园艺绿化成果，呈现出生态与技术同频，地域特色和人文情怀共生的绿色领先花园（图1、图2）。

天津的码头文化、老城文化、市井文化、租界文化和工业文化杂糅，城市路网复杂。设计师尝试将老城区属性进行重组，通过景观与植被的相关性在空间中拉开视觉张力并模糊直白的视觉符号，隐秘地表达天津城市空间形态、地域文化和生活方式。五大道的"宽街窄巷"一直是天津

图2 区位图2

这座文化名城文脉延续的缩影，对"绿色林荫下、熟褐砖墙掩映牙白木构架"景观语境的提取准确勾勒了天津园的文化肖像，使其成为包容当代并

抒写未来的载体，从情感维度向观者输出了一个可触知的场域，达到展园与天津意向认知地图的重合（图3）。

图3 五大道景观语境

图4 总体鸟瞰图

天津园布局简洁有力，采取无边界开放设计，实现边界效益最大化，铺展独具魅力的不同空间：入口空间、城市客厅空间、听水空间、寻水空间、读水咖啡吧空间、民俗集市空间、智能花园空间以及悟水禅庭空间。项目被设计成一个充满天津独特人文气息的诗意场域，随着游人的深入，缓慢地一层一层展现出来。历史故事、自然人文、高科技在这里得到融合（图4、图5）。

"入口"空间设计灵感源自天津五大道的街巷风貌以及建筑特色。甬道及两侧的高低景墙组合，以抽象的方式描绘了初入五大道的感受——林荫道、花园阳台、熟褐色小洋楼白色边框以及游走于建筑之间的居民。通过挖掘五大道街区建筑与材料的关系，追溯建造工艺并落位在场地中形成新的亮点（图6）。

极具开放性的"城市客厅"是空间叙事的真正起点，不断迭代更新的传统为空间赋予某种新秩序并被游客重新理解和接近，继而引导游客走进景园，满足游客集散、休息功能（图7~图9）。

沿游线步入"听水"空间，通过天津近代100

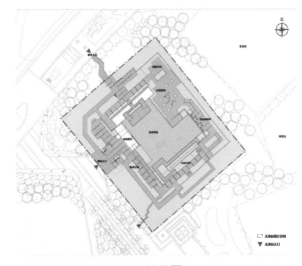

图5 总平面图

图6 入口空间效果图

图7 城市客厅效果图

图 8 城市客厅实景 1　图 9 城市客厅实景 2　　　　　　图 12 听水空间实景二

个历史第一的画框展廊诠释浓郁的天津特色，以不同高程路径活跃空间层次，满足游人坐息、观览、行进的不同需求。这一老与新的转化成为景观干预中的一个象征，游人在此隐约听见潺潺水声，精细的绿带和卵石收水沟更进一步提升了展园品质（图10~图12）。

"寻水"空间中，展廊墙体加入通透的柱构架，强调墙体的变化，砖墙构建了骤然封闭的空间，使游人只能从外围往展园内部窥视，从而营造出一丝神秘感并激发探寻欲（图13~图15）。

图 10 听水空间效果图

图 13 寻水空间效果图

图 11 听水空间实景 1

图 14 寻水空间实景 1

图 15 寻水空间实景 2

"读水咖啡吧"空间通过现代感极强的无边水池景观及下沉的场地，营造了游人坐憩时与水面平视的"读水"视角（图 16）。

图 16 读水空间效果图

展园北部设置展示天津乡土文化、融合中西方气质的"民俗市集"，用当今设计前沿理念的"可食景观"回应展会绿色生态、家庭园艺等主题特色（图 17）。

图 17 民俗市集效果图

"智能花园"彰显展会绿色生态科技主题，其间布放 EDYN 智能种植检测系统、智能浇灌系统，实现植物智能养护，提升景观与游人的互动性，并再次回应本届世园会绿色、科技园艺的主题特征（图 18）。

图 18 智能花园效果图

在经过了听水、寻水、读水的一系列游赏进程后，终于步入天津园核心"悟水禅庭"，以大水面与周边围合墙体限定空间，强化了"极简与纷杂""内敛与开放""禅意与市井""静谧与喧闹"的对比，突出超然物外的禅意（图 19~ 图 21）。

图 19 悟水禅庭效果图

图 20 悟水禅庭实景 1

图 21 悟水禅庭实景 2

景观软装设计通过对材质、色彩、肌理的推敲和把控，强化项目深度及艺术性。导视系统设计则以五大道小洋楼的独特建筑形式为源点，与天津市纵横交错的路网叠加，彰显天津地域性特质（图22、图23）。

图 22 导览标识 1　　　图 23 导览标识 2

展园强调天津本土植物品种与新优品种的融合造景，呈现出独具地域性、蓬勃生长的特色花境。展园内种植了天津市优势特色植物，搭配适宜华北气候条件的植物以及其他乡土植物（图24、图25）。

照明设计上考虑展园夜景效果及夜间游赏需求，突出重点，以不同光源和光带塑造视觉冲击感强烈又不失幽玄意境的天津园独特魅力（图26、图27）。设计团队聚集在一起并建造了这个丰富

图 24 植被实景 1

图 25 植被实景 2

图 26 夜景实景 1

图 27 夜景实景 2

且充满活力的场所，通过运用各种景观手法重塑多元混杂而包容、开放内敛而共生的天津特质。

中国蓬莱东方海岸果谷（刘家沟镇）文化服务中心

王大任　郑梦溪

项目区位：山东省蓬莱市

项目规模：1.7 hm²

起止时间：2023 年 10 月—2024 年 6 月

项目类型：文化服务中心

1　设计背景

19 世纪末，美国传教士将引进的苹果树种植在山东蓬莱地区，经过长期的繁育和栽培，形成了独具特色的蓬莱苹果。蓬莱苹果因口感独特、品质优良而闻名于国内外。如今，蓬莱苹果已经成为山东省重要的经济农作物之一，不仅供应国内市场，还出口到许多国家和地区。

按照"果业产业化、产业园区化、园区景区化、农旅一体化"的发展思路，蓬莱立足"一核、一带、一环、五区、多点"精准布局。一个集产业、生态、人文景观于一体的全产业链高质量发展示范区，一个多维度立体化的东方海岸果谷功能新空间，正在强势崛起。

2　功能体系

为了满足东方海岸果谷人本体验和区域发展的需求，项目组制定出 2+N+X 的功能体系，延展出两大核心功能、五大配套功能、六点要素功能，并以此为锚点进行了六大功能板块的具体落地设置，包括文化展示、农庄体验、村庄游览、产业孵化、酒庄体验、果酒享用等（图1、图2）。

图 1　功能体系

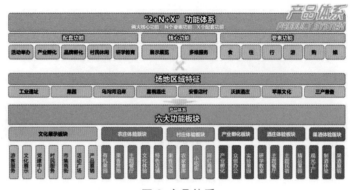

图 2　产品体系

3 场地梳理

场地周边主要是村落和酒厂，村落的整体形象亟需提升，酒厂的现状业态亟须改善。考虑到周边有部分荒地、果园，如何将诸多不同种类的业态进行有机整合是项目的重点和难点。

4 设计方案

方案突破传统场地肌理和格局，重点呈现一个建筑整体统领全局的格局，中间的红色建筑象征蓬莱果谷苹果的源头，场地景观作为海洋，"苹果"建筑从海平面跃起，慢慢生长，乘风破浪。由主题建筑再分出五个广场，分别代表五行对应的水果，彰显果谷文化历史沉淀。主题建筑由四个不同功能的建筑通过大屋顶组合而成，屋顶造型犹如一只展翅飞翔的海鸥，建筑的表皮借鉴苹果切片元素打造

透光肌理，也暗示了蓬莱光照充足，适合水果生长的环境（图3、图4）。

5 参观线路

果谷会客厅精心设计了30~50分钟的游览路线（图5、图6）。

①休闲农庄：精品果园（5分钟）。

②创意体验工坊：创意性产业孵化（猫舍苹果箱制作、水果创意屋）（10分钟）。

③党建中心：蓬莱党建成果展示厅（5分钟）。

④游客服务中心+果谷产品展示：游客深度体验购物服务中心（10分钟）。

⑤艺术空间：向上生长的杉树（场地记忆保留两棵杉树）（3分钟）。

⑥果谷文化展示中心：苹果历史文化展示中心、果谷乡村振兴展示中心（15分钟）。

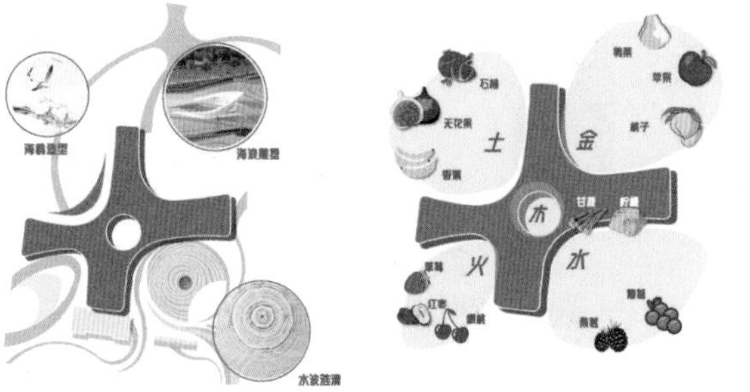

图5 果谷会客厅游览线路展示图

图3 果谷会客厅概念演绎分析

图6 果谷会客厅小鸟瞰

图4 果谷会客厅概念方案鸟瞰图

运河之帆
——中新天津生态城蓟运河故道北延段服务建筑设计

项目区位：天津市中新天津生态城

项目规模：建筑面积：505 m²

起止时间：2022 年 4 月至今

项目类型：景观服务建筑

图 1 夜景效果图

图 2 运河与津城发展

1 项目缘起

天津是一座依水而生、依水而兴的城市，自古因漕运而兴。天津的运河民俗的起源也正是漕运文化。秦汉时期，天津就有了漕运制度；元代庞大的漕运活动促进了天津繁荣发展；明清时期运河的畅通，又使天津的人口数量增加。天津就是在与水打交道的百年之中得以蓬勃发展的（图1~图3）。

2 情感立意

本次项目正是围绕天津古代漕运航道——蓟运河故道而展开的一次河道景观提升设计工程的一部分。由于城市的发展以及周边居住环境提升的需求，我们为现状功能单一的蓟运河故道植入

图 3 《古运回望图》天津段

了更多的景观特性，以此聚焦打造服务于居民和外来游客的功能空间。出于对漕运、运河的深远影响，因此项目在创意之初便形成了以运河文化和漕运文化为情感依托的设计构思（图4、图5）。

3 设计构成

3.1 空间构成

我们设计的初衷就是希望在当下闲适的蓟运河故道中，增添一抹动态之美，以此来唤醒对昔日繁忙故道漕运的沉睡记忆。因此我们尝试了"帆"这个主题，强化以漕运为开端，以巨轮展望未来的津沽大地的文脉传承。通过帆与轮的形象演变，将千年津门漕运故事娓娓道来。我们提取了桅杆元素并进行抽象化处理，在细节处重点打造巨轮船头要素，使建筑形象更加贴合船与帆（图6~图9）。

3.2 平面布局

在建筑布局上，为了消融单一建筑体量对场地环境的压迫感，我们将建筑在地块内打散，然后进行插空、整合。通过建筑体块错位，打破建筑呆板的平面形式，同时使建筑产生了横向拉伸的效果，这样更符合轮船之势。结合场地空间设置下沉广场，使建筑在竖向形成错落空间，削减建筑体量感。建筑的南向也是河道所在方向，通过阶梯式绿化和书吧前的下沉广场，我们消化掉了建筑与水之间的高差，让"帆"与河道无限拉近。在夜晚，使船与帆的形象得以凸显（图10~图12）。

图4 项目现状

图5 夕阳下的蓟运河故道

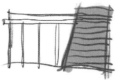

图6 船头的形象演化

图7 帆的形象演化

图 8 下沉广场与运河之帆

图 9 阶梯绿化与运河之帆

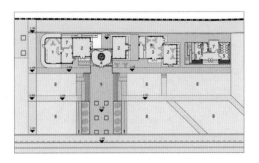

图 10 平面图

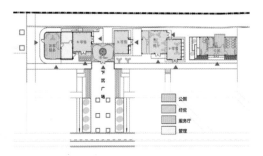

图 11 平面功能分布

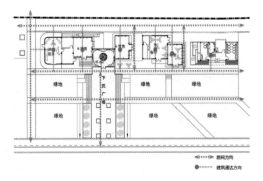

图 12 建筑流线

3.3 形象演化

楔形是这个项目的主要体块符号,横向线条则是项目的主要二维方向。在建筑下部,我们主要采用横向线条的装饰挂板将建筑进行水平方向的拉伸,使建筑更贴合船只纤长的整体形象。建筑上部则选择了质感更强烈的银灰白色金属铝材,以楔形的整体造型与横向的虚实线条结合,勾勒其桅杆的形象特征。无论是在烈日当空的白天,还是繁星满布的夜晚,这组建筑都能成为古蓟运河畔的一张名片(图13~图18)。

4 结语

对于身处于园林景观项目之中的建筑来讲,其设计角度往往区别于一般性公共建筑,既要满足建筑的使用功能需求,又要满足园林景观的造型需求,同时还应兼顾所在场所的人文情怀以及游园者的情绪价值。因此,"因境成景"成了我们创作景观建筑时不可或缺的衡量因素。

图 13 错落的商业空间

图 16 局部夜景

图 14 错落的商业空间

图 17 局部夜景

图 15 运河之帆夜景

图 18 夜幕下的运河之帆

低碳园林设计实践
——低碳园林创意实践基地总体规划

冯一多

项目区位：天津市武清区

项目规模：5 hm²

起止时间：2012 年 3 月—2012 年 6 月

项目类型：专类公园

1 设计缘起

低碳园林创意实践基地是中国首个低碳创意花园，是在生态文明建设的时代背景下，一个尊重自然演替过程，建立资源节约与循环体系，并且融合了艺术与创意的园林语汇所呈现的成功案例。

低碳园林创意实践基地位于天津逸仙科学工业园区内，总占地面积约 5 hm²，原貌为荒地（图 1）。基地集科研、展示、实践于一体，设计以理论探索与实践检验相结合，通过对现状地貌与植被信息进行采集分析，以园林与生态设计相融合的理念，建立一个稳定、平衡、可持续的生态系统，营造区域生物多样性、节约物质与能源、进行雨洪管理和利用，并尽量降低对环境资源的破坏和依赖度，成为可循环、可研究、可示范的低碳园林范本。

基地设计主题为"创意梦想·七色花园"，创意灵感来源于童话故事《七色花》，以能满足人们愿望的七色花，寓意低碳基地是实现低碳生态建设的一次梦想探索（图 2）。

图 1 现状航拍图

图 2 总平面图

2 总体布局

2.1 7个低碳花园与1个低碳建筑

基地以临湖的学术交流中心建筑为基点，发散布置了7个面积约300 m² 的低碳创意花园。7个低碳花园分别从不同的视角诠释对低碳园林设计与建设途径的探索，设计贯穿了"低碳、生态、可持续"的原则，园林景观创意主题涵盖科普引导宣传、节能减排、资源循环、环保材料、低碳植物配置等多种层面的低碳设计思想与手法。

学术交流中心为集装箱改造建筑，建筑面积620 m²，集学术交流、展示、研讨等功能为一体。建筑主体以废弃集装箱为模块单元，通过对集装箱进行切割、组合与堆叠搭建而成。同时尽量以被动式技术解决建筑通风、采光、温控、屋顶排水等功能设计。

2.2 地貌设计

设计充分尊重场地的自然地貌和环境特征，利用原有山体、坑塘及绿地低洼点设计小湖面及雨水花园。对原有坑塘进行梳理，通过低碳的工程处理措施，形成岛、溪、湖等形态丰富的水体系统。设计巧妙地利用原有地势与植被，配置固碳释氧量高的植物小群落，避免了由于场地大量变化产生的碳排放（图3~图5）。

2.3 可循环材料的应用

设计探索可循环材料的应用，经过艺术化的创意处理使废旧的材料成为园林景观中的点睛元素，在发掘这些材料低碳价值的同时，材料重新组合变身后形成的肌

图3 景观湖区

图4 生态湖区

图5 旱溪植物小群落

理效果和单体个性更是常规园林建材难以呈现的：废旧集装箱构建了基地主体建筑；废旧枕木成为铺地、标志牌、景墙、花钵等小品的主体材料；废旧计算机的机箱变身成了移动花钵；麻绳出现在铺装、坐凳、廊架中；植物枯枝

图 6 学术交流中心

图 7 枕木铺地

图 8 PVC 管景墙

落叶组合成创意廊架和雕塑等；甚至建设过程中集装箱裁切下来的铁皮边角料制成了基地入口大门围墙与装饰；一些可循环材料，如砾石、树皮、旧 UPVC 管、竹片等也被重新利用（图 6~图 8）。

2.4 雨水收集

全园的铺地均采用透水地面铺装，包括透水砖、透水结构层、透水混凝土、透水胶粘石及砾石铺地。多种透水铺地的运用最大可能地滞留雨水，并使雨水快速渗透到地下。利用地形高差形成了若干个雨水花园，将建筑屋顶及铺装面层收集到的雨水通过管道汇入雨水花园，并集中汇入湖区（图 9、图 10）。

2.5 太阳能利用

利用太阳能的光电转换，为交流中心提供照明电力，为花园提供水景循环装置的动力。

图 9 雨水花园

图 10 旱溪花园

图 11 万花筒花园：万花镜

图 12 一日禅花园：模块化廊架

图 13 种子足迹花园：风之茵律

图 14 竹影流觞花园：云亭

2.6 近自然的群落设计

植物是园林景观构成中对生态环境贡献最大的元素。在基地的种植设计中，根据原有植物分布情况，模拟原生态环境及植物自然群落的组合规律、结构特征等进行新增植物的种植设计。在新植物配置时，一方面尽可能选用管理粗放、适应性强、固碳量高的乡土植物，与现有地貌及植物配合，组成特性各异的生态小群落；同时根据植物的生理特性，将同一特性的植物合理配置，建立固碳释氧彩叶植物群落、固碳释氧乔灌草混交植物群落、盐碱改良植物群落等，达到区域植物生态效益的最大化（图11~图14）。

3 实践体会

在场地分析、前期研究、设计、施工和后期运行等各个阶段，充分考虑了对场地现有生态的保护和延续，低碳景观的思考、创新与应用。在设计与建设过程中力争最大限度地保护现有资源的同时，实现工程建设与生态系统之间的良性循环，体现环境友好型建设的主旨。

4 思考

低碳既是园林设计的主题与手法，更是园林景观设计师肩负的时代责任与历史使命。低碳园林创意实践基地的总体规划与设计，以自然与生态为本，旨在探索低碳园林景观的建设途径，使园林景观逐渐向自然景观过渡，以实现生物多样化与生态系统的稳定，最终建立一个平衡自然的生态系统（图15）。

图 15 低碳园林创意实践基地全景图

崔黄口镇电商产业园基础设施可行性研究特点分析

崔鸿飞

项目区位：天津市武清区
项目规模：9.87 km²
投资规模：61.46 亿元
起止时间：2022 年 6 月—2023 年 7 月
项目类型：产业园区

1 项目概况

崔黄口镇电子商务产业园坐落于天津市武清区东北部，是天津市政府 2009 年 8 月份批准建立的享受国家级开发区全部优惠政策的市级重点示范园区，园区规划面积 9.87 km²。目前，园区已经成长为国家电子示范基地、国家火炬特色产业基地、天津市电子商务示范基地。

崔黄口镇电子商务产业园分为起步区及拓展区两部分。随着园区业务的快速发展和拟落户企业数量的迅速增加，园区现有承接力已不能满足企业的落户需求。为保障意向企业的顺利落户，项目单位拟实施天津市武清区崔黄口镇电子商务产业园拓展区基础设施建设（一期）工程。

本项目旨在通过建设完善的道路及附属工程、市政场站工程和产业配套工程，提升崔黄口镇电子商务产业园拓展区的基础设施水平，为园区内

企业提供更加便捷、高效的生产经营环境。具体功能目标包括：完善交通网络，提升园区内外交通通达性；增强市政设施保障能力，满足企业日常生产运营需求；优化产业布局，吸引更多优质企业入驻，促进产业集群发展；提升园区整体形象，增强园区竞争力，推动区域经济发展。

2 项目建设的必要性

项目建设是完善产业园区基础设施，提高园区产业承载能力的需要；项目建设是发挥电子商务经济带动作用，推动区域经济发展的需要；项目建设是落实电子商务发展"十四五"规划，推动电子商务产业发展的需要。本项目将落实电子商务发展"十四五"规划要求，进一步拓展电子商务产业服务载体平台建设，完善产业园拓展区的基础设施。项目建成后，将进一步推动电子商务产业的发展。

3 项目的主要技术内容

本项目主要建设内容包括道路及附属工程、市政场站工程和产业配套工程。其中，道路及附属工程将新建 9 条道路，包括 2 条主干路（图 1、图 2）和 7 条次干路，总长度达 12.2 km；市政场

图 1 道路特色景观带效果图

图 2 道路特色景观带效果图

站工程将建设包括供水、排水、供电、通信等市政设施；产业配套工程将建设包括仓储、物流、研发等配套设施，以满足企业生产经营需求。本项目将按照总体规划，分期实施。一期工程将重点建设道路及附属工程、市政场站工程和产业配套工程，为后续发展奠定坚实基础。同时，将充分考虑环保、节能等因素，确保项目的可持续发展。

本项目将进行严格的环境影响评价，确保将项目建设对环境的影响控制在可接受范围内。同时，将采取多种措施，减少污染排放、保护生态环境。

4 项目的投资估算与资金筹措特点

4.1 项目投资估算工作特点

①细致全面：报告对项目的投资需求进行了全面而细致的估算，涵盖了从建设到运营等各个环节的费用，确保了项目的财务可行性。

②数据支持：报告在估算过程中充分运用了市场调研数据和历史数据，使得估算结果更加客观和可靠。

③灵活调整：报告还考虑了未来市场变化和技术进步等因素，对投资估算进行了适当的调整，以确保项目在未来仍能保持良好的财务状况。

4.2 项目资金筹措工作特点

①多元化筹措：报告采用了多元化的筹措方式，既考虑了项目的实际情况，又充分利用了市场资源，确保了资金的充足和稳定。

②风险控制：在筹措过程中，报告充分考虑了风险因素，如利率波动、政策变化等，并制定了

相应的风险控制措施，以确保资金筹措的顺利进行。

③应对变化：为了应对未来市场的变化，资金筹措过程中准备了充足的方案，使资金筹措计划更为灵活，以确保项目在建设和运营期内能保持良好的财务运行能力。

5 项目创新点和突出特点

项目在规划阶段充分考虑了未来电子商务产业的发展趋势和园区的发展需求，提出了具有前瞻性的建设方案。咨询团队对园区的交通、市政、产业等多个方面进行了综合分析，提出了综合性的解决方案，确保项目能够全面满足园区发展需求。项目在规划过程中注重绿色和可持续发展，提出了海绵城市、节能环保等理念，确保项目的可持续发展性。咨询团队具备丰富的电子商务产业园规划经验，能够准确把握园区发展需求，提出切实可行的解决方案。咨询团队在项目执行过程中注重效率，通过科学的管理和协作，确保项目按时按质完成。咨询团队在项目规划过程中积极创新，提出了多项具有创新性的建设理念和方案，为项目的成功实施提供了有力保障。

6 展望

本次可行性研究报告为天津市武清区崔黄口镇电子商务产业园拓展区基础设施建设（一期）工程的实施提供了全面、科学的指导。随着项目的顺利推进，崔黄口镇电子商务产业园必将迎来更加广阔的发展前景，为京津冀地区的电子商务产业发展做出更大贡献。

西藏昌都澜沧江－天津广场
——基于在地文化融合的设计

周华春

> 项目区位：西藏昌都
> 项目规模：2 hm²
> 起止时间：2001 年 5 月—2002 年 6 月
> 项目类型：城市广场

澜沧江-天津广场为天津市援藏的重点工程。设计通过体现民族团结主题的"玉寰"雕塑、具有浓郁西藏特色的青稞架以及设有西藏八宝吉祥图和天津津门八绝的浮雕、高 21.8 m 的"龙门"主雕塑，将西藏独特的地域文化和天津市的风采进行了有机融合（图1~图7）。

图 2 "龙门"雕塑

图 1 鸟瞰图

图 3 青稞架

图 4 "玉寰"

图 6 龙门夜景

图 5 夜景鸟瞰图

图 7 广场夜景

锦州东湖公园
——节约型绿地设计实践

杨芳菲

项目区位：辽宁锦州
项目规模：77.8 hm²
起止时间：2007—2009年
项目类型：城市公园

项目位于小凌河左岸，本案通过叠加共生的手法，让大地做功，自我循环，强调自然能量和城市活力的统一。以原生态野趣为基础，以现代简约为特色，构建城市复合栖息地。设计特色如下。

"浮岛"的形式——从场地肌里中提取而来（图1）；

"叠加/共生"的创意——"浮岛"栖息在现状原生基底之上（图2、图3）；

对原生环境的最少量干预——节约型绿地的可实施表达。设计既满足城市化进程中对滨水空间的休闲要求，又避免对河流生态廊道的破坏（图4~图6）。

图1 "浮岛"概念模型

图 2 "浮岛"效果

图 3 入口效果

图 5 棋牌岛

图 4 原生环境

图 6 野餐岛

天津市绿地系统规划（2021—2035年）

项目区位：天津市

项目规模：11917平方公里

起止时间：2019—2023年

项目类型：专项规划

1 规划意义

新时期城市发展对城市绿地建设提出了更高要求，为此，我们探索新时期具有个性化、差异化、

地域性的城市绿地系统规划新方法，通过这些研究形成与区域生态系统相协调的城市发展形态和城乡一体化的生态体系，满足城市生态建设与可持续发展的要求及城市形象与特色的要求。

2 规划目标

本次规划衔接市域山、海、田、园自然要素，形成多元共享的城市绿地空间布局，构建城绿共融的绿地系统，增强城市碳汇能力；建立结构合理、服务均衡、功能丰富的公园体系，满足人民群众

五大时代要求 ▷ 三大思维转变 ▷ 七大方法更新

五大时代要求

1.落实五大发展理念，加强生态文明建设

2.加强生态保护与修复，提升生态系统质量

3.统筹京津冀区域协同发展，建设环首都国家公园和森林公园

4.开展城市双修工作，编制生态修复专项规划

5.加强地下管廊、海绵城市建设

三大思维转变

1.大绿地思维

2.品质绿地思维

3.绿地管控思维

七大方法更新

1.扩大规划范围：从城市建成区到城乡一体化

2.延长规划时限：从城市发展到生态景观生长的时间尺度

3.增加规划内容：从景观空间到生态人文

4.以环境问题为导向：从被动落实到主动呼应

5.转变规划程序：从政府主导到公众参与

6.应用大数据：从人工信息采集到大数据平台支撑

7.优化评价体系：从粗放化到精细化

图1 新时期绿地系统规划应转变的内容及思路

休闲游憩需求；塑造中西合璧、古今交融的特色绿化景观，不断提升城市环境景观品质。到2035年，建成"文绿融城、公园满城"的公园城市。

3 规划内容

3.1 市域绿地系统规划

以市级国土空间总体规划确定的城镇开发边界为重点，满足人民群众多层次、多类型休闲游憩需求，规划构建"综合公园－专类公园－社区公园－游园（口袋公园）－街头绿地"的公园体系。

3.2 津城绿地系统规划

以大型综合公园建设为抓手，社区公园、游园（口袋公园）等中小型公园建设为重点，加强公园绿地与城市绿道等联动建设，构建布局均衡的绿地空间体系和休闲游憩网络；依托海河、大运河附近的滨水绿地，融入地方文化特色，打造具有天津特色的水文化绿地景观，将津城建设成为"文绿融城、公园满城"公园城市的核心区域。

融入区域生态格局，统筹城区外围生态空间和内部绿地空间关系，形成内联外接、融入区域生态基底的"一屏双廊两环，五楔十一核多园"绿地系统结构。

3.3 滨城绿地系统规划

以"蓝色海湾"为主题，高标准规划建设滨城水绿空间，建立层次完善、布局均衡的城市公园体系，以绿道串接自然、人文节点和公园绿地，塑造融入海洋文化、近代工业文化的城市绿地景观特色，彰显国际性海滨城市魅力，打造水清岸绿、天蓝海碧的美丽滨海。

与区域生态格局相衔接，统筹城区外围生态空间和内部绿地空间关系，形成"一屏一带，三区五廊多园"的绿地系统结构。

此专项规划由我院与天津市城市规划设计研究总院有限公司联合编制。

图 2 规划目标

天津与萨拉热窝友好城市共建项目

王大任

项目区位：萨拉热窝
起止时间：2019—2020 年
项目类型：建筑小品

萨拉热窝是天津在欧洲的第一个友好城市。近年来，在共建"一带一路"的大背景下，双方合作再展生机。

作为友好城市共建项目的一部分，初时，设计院提供了四个方案比选。四个方案分别从城市友谊、天津园林、天津文脉、文脉传承四个方面进行了设计表达。最终，选定了"联谊"亭作为天津和萨拉热窝城市共建项目的中标方案（图 1）。

"联谊亭"最终于 2019 年 12 月 20 日在波黑首都萨拉热窝市萨菲科公园召开揭幕式。萨拉热窝市市长助理索拉科维奇表示，感谢天津市给萨拉热窝市送来这么珍贵、美好的礼物，这个来自中国的标志性建筑将成为两市人民友好的见证（图 2、图 3）。

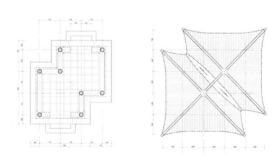

图 2 联谊亭平面图

图 1 方案一

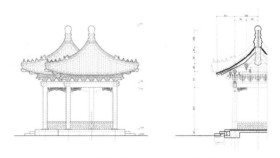

图 3 联谊亭立面图、剖面图

潍坊市人民公园

谷泓悦

项目区位：山东潍坊
项目规模：12.9 hm²
起止时间：2005—2006 年
项目类型：城市公园

潍坊市人民公园位于市中心区，南、西、北三面由城市主干路围合，东枕白浪河，占地面积 12.9 hm²。

公园改建广取中外造园手法之长，坚持小中见大，以细取胜，打造精品。采取山水体系的自然式布局，充分利用原有自然条件，充分体现对自然的尊重，在公园改建中突出体现山水风格的造园文化、民间剪纸的地域文化、传承意境的标名文化的主题（图1）。

公园改建包括两个景观轴和两个园中园，串联着园内 11 个景点。将公园的地形处理、水体景观、公园道路、建筑小品、植物种植、灯光夜景六个方面确立为实现公园景观效果的关键环节，对其实施有效的控制（图2、图3）。

公园改造完成后达到山、水、林、景、路融为一体；有效保护原有树木，从公园的总体构架到每一个景点的设计都能充分利用现状，同时赋予其新的内涵，构成新的景观，使公园的改造达到了人民满意的效果（图4~图9）。

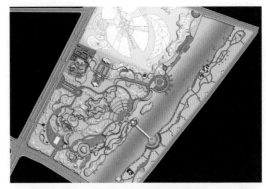
图 1 潍坊人民公园改建竖向设计总图

图 2 俯瞰谊园

图 3 明心岛

图 4 云城

图 7 云城内景

图 5 流沙

图 8 枫林

图 6 坐石临流

图 9 叠水

安阳市东区公园

王威

项目区位：河南安阳

项目规模：32 hm²

起止时间：2003—2005 年

项目类型：公园规划

安阳东区公园位于安阳市城区东部，是展示城市风采和特色园林文化的窗口。公园采用大写意的景观设计手法，同现代城市之发展节奏相互统一来处理，使人充分领略到与城市文化的交流，运用绿色空间、城市文化、新的景观理念等形成良好的景观视觉效果，表现了人与城市、生态、休闲的和谐统一。

东区公园在体现都市园林文化基础上，突出亲情化的情感空间，突出现代园林景观特色。

①大自然情诗：该特色景观作为公园的视觉轴贯穿全园，以双桥映梦、巨木语、水溪间、蓝水三山、团岛、景观温室形成园林生态系列组景，把园林生态景观最具魅力的题材以景观韵律的方式布置在视觉轴线上，突出强劲的视觉景观与园林生态文化景观的感染力（图1~图4）。

②都市文化节：以满天星景区为文化节主体空间，营造出独具安阳文化特色的综合室外文化展示区，形成展示安阳都市文化、民间文化、多

题材景观雕塑的室外布展中心，丰富全年的公园文化景观特色。

③生态型建筑：园区以仿生建筑与覆土建筑突出园林生态景观等文化休憩公园元素（图5~图7）。

图1 湿地园湿生植物

图 2 水石相映的水溪间景观

图 3 强调景观秩序与韵律的露天广场

图 4 巨木语景点中的"树化石"

图 5 城市景观要素与现代风格的有机结合

图 6 人工湿地体现人与自然、现代的景观肌理

图 7 栖绿景点中的木平台与景亭

天津市文化中心西区景观设计

冯一多

项目区位：天津市

项目规模：90 hm²

起止时间：2008—2012 年

项目类型：公园广场

文化融于景观，景观依托于场地。在文化中心设计中，探索将文化、景观、场地三者完美融合形成独特的城市景观。

西区种植景观设计主要以统一协调、特色多样的景观设计手法，将绿地打造出"一带、三景"的景观空间布局（图1、图2）。

景观步道：以高大法桐步道作为主要的引导长廊，步行景观道路两旁设计大量的观景场点和休息座椅，供游人充分感受文化的气息。春花烂漫的海棠步道，在海棠盛开时节为文化中心增添了靓丽的色彩，配合树下曲线花池的设计，使海棠步道充满了浪漫气息（图3、图4）。

生态岛景观区：岸线呈自由流畅的线形，自然抬升的地形、高大的乔木林创造出文化中心内典型的自然生态景观。生态岛堪称城市小绿岛，也是一座纳凉岛（图

5、图6）。

自然博物馆景观区：自然博物馆紧邻城市主干道，又与大礼堂隔路相望。绿地后侧采用冠大荫浓的多品种高大乔木，形成郁闭的大绿背景。组团式栽植花灌木，使景观空间层次及色彩都更加丰富（图7）。

图1 种植景观1

图2 种植景观2

199

图 3 景观步道 1

图 4 种植景观 2

图 5 种植景观 3

图 6 生态岛种植景观

图 7 自然博物馆种植景观

后记

当这本凝聚着无数心血与智慧的作品集即将展现在大家眼前时，我的心中涌起的是无尽的感慨与欣慰。天津市园林规划设计研究总院的设计团队追逐着自然与人文交融的梦想，以线条勾勒大地的诗篇，用色彩描绘生态的画卷。每一个项目皆是一次挑战，亦是一次成长的契机。

回顾这些设计作品，仿若再度踏上那一段段满含激情与创意的征程。从城市规划的宏伟蓝图至社区花园的温馨角落，从海绵城市到文旅景区的创新展现，我们倾听场地的声音，尊重生态的法则，努力实现人与自然的和谐共处。每一处细节皆承载着我们对美的追寻和对生活的挚爱。

在前行的路途上，我们的团队持续探索、尝试、创新。每一个项目均是团队智慧的凝聚，是无数个日夜思考、研讨与雕琢的结晶。面对繁杂的场地条件和多元的需求，我们深入调研，反复思索，力求觅得最为完美的解决方案。每一次的头脑风暴，每一次的方案修订，皆是为了让设计更贴合需求、更贴近人心。那些为了探寻最佳设计方案而激烈争辩的情景仍历历在目，那些在施工现场历经风吹日晒的日子也化作了珍贵的回忆。从最初的概念构想至最终的项目落地，每一步都倾注了我们的热爱与执着。感谢那些给予我们信任和支持的客户与合作伙伴，是你们的期待和鼓舞，让我们突破常规，不断超越自我。

这部作品集不只是成果的展示和业内的分享，更是我们对未来的憧憬。它见证了过去的努力，也指明了前行的方向。我们深知，未来的道路永无穷尽，还有诸多的美好等待我们去发掘和创造。愿这些作品能为您带来美的享受与启迪，也期望它们成为我们继续前行的动力，激励我们不断追求卓越，为中国的城乡大地增添更多绿色的诗意，为人们营造更美好的生活环境。

天津市园林规划设计研究总院院长

首席设计师

陈良

2024 年 9 月